国家自然科学基金面上项目（41474020）资助

GNSS 高精度定位关键技术研究

王建敏　著

中国矿业大学出版社

·徐州·

内 容 提 要

本专著在简要介绍 GNSS 基础知识和定位原理的基础上详细讲述了作者近年来在 GNSS 高精度定位方面的几项关键技术研究成果,重点论述了我国拥有自主知识产权的卫星导航系统 BDS 高精度定位方面的几项关键技术研究成果,主要包括:GNSS 长距离网络 RTK 定位算法研究,在保证用户厘米级定位精度的前提下,把基准站间距离提高 2～3 倍,由原来的 30～80 km 提高到 100～150 km;BDS 系统载波相位周跳探测与修复,开展了 BDS 系统载波相位单频和多频周跳探测与修复方法研究;BDS 星载原子钟性能分析及精密钟差建模预报,在对 BDS 卫星钟性能分析的基础上提出了一种组合的精密钟差预测方法。

本书具有较强的创新性、实用性和可操作性,可作为测绘科学技术专业领域本科生及研究生提升学术思维和开展学术研究的参考用书,对于从事卫星定位和大地测量教学、科研、生产、管理的专业技术人员也具有一定的参考价值。

图书在版编目(CIP)数据

GNSS 高精度定位关键技术研究 / 王建敏著. —徐州:
中国矿业大学出版社,2023.4
ISBN 978 - 7 - 5646 - 5799 - 4

Ⅰ. ①G… Ⅱ. ①王… Ⅲ. ①卫星导航－全球定位系统－研究 Ⅳ. ①P228.4

中国国家版本馆 CIP 数据核字(2023)第 071467 号

书　　名	GNSS 高精度定位关键技术研究
著　　者	王建敏
责任编辑	杨　洋
出版发行	中国矿业大学出版社有限责任公司
	(江苏省徐州市解放南路　邮编 221008)
营销热线	(0516)83885370　83884103
出版服务	(0516)83995789　83884920
网　　址	http://www.cumtp.com　**E-mail**:cumtpvip@cumtp.com
印　　刷	江苏淮阴新华印务有限公司
开　　本	787 mm×1092 mm　1/16　**印张** 10.75　**字数** 275 千字
版次印次	2023 年 4 月第 1 版　2023 年 4 月第 1 次印刷
定　　价	64.00 元

(图书出现印装质量问题,本社负责调换)

前　言

　　全面建成社会主义现代化强国、实现第二个百年奋斗目标,以中国式现代化全面推进中华民族伟大复兴,科学技术是重要的基础性、战略性支撑。随着航空航天技术、对地观测技术、计算机技术、网络及通信技术的飞速发展,测绘工作经历了由传统测绘向数字化测绘的过渡,已步入信息化测绘时代。测绘工作是国民经济建设、国防建设、社会建设和生态文明建设的重要基础工作。在支持国民经济持续稳定发展、重大自然灾害防治与预警、地矿资源调查与大型工程建设、天气预报与气候预测、海洋监测与海洋开发等国家重大需求方面,测绘工作的基础性地位更加稳固,先导性作用更加突出。作为测绘科学与技术的重大创新成果,全球卫星导航系统 GNSS 已基本取代了地基无线电导航、传统大地测量和天文测量导航定位技术,并推动了大地测量与导航定位领域的全新发展。目前,GNSS 不仅是国防和经济建设的基础设施,也是体现现代化大国地位和国家综合实力的重要标志。由于 GNSS 定位技术能够实现全球性、全天候、高精度的导航定位,并在军事、空间技术、国民经济建设等领域得到了广泛的应用和发展,因此,对 GNSS 高精度关键技术研究具有重大的理论意义和实用价值。

　　2020 年 7 月 31 日,北斗三号全球卫星导航系统建成暨开通仪式在人民大会堂隆重举行。习近平总书记向全世界郑重宣告:中国自主建设、独立运行的全球卫星导航系统已全面建成。BDS 系统是继美国 GPS、俄罗斯格洛纳斯、欧洲伽利略之后的全球第四大卫星导航系统,已广泛应用于测绘、电信、水利、渔业、交通运输、森林防火、减灾救灾和公共安全等领域,产生了显著的经济效益和社会效益。BDS 定位原理与 GPS 的大致相同,但是在信号频率、卫星轨道等方面有很多不同,因此,BDS 高精度定位方面的研究成为国内外专家学者研究的热点。

　　本书在简要介绍了 GNSS 基础知识和定位原理的基础上详细讲述了笔者近年来在 GNSS 高精度定位方面的几项关键技术研究成果,重点论述了我国拥有自主知识产权的卫星导航系统 BDS 高精度定位方面的几项关键技术研究成果,主要包括:GNSS 长距离网络 RTK 定位算法研究,在保证用户厘米级定位精度的前提下,把基准站间距离提高 2～3 倍,由原来的 30～80 km 提高到 100～150 km;BDS 系统载波相位周跳探测与修复,开展了 BDS 系统载波相位单频和多频周跳探测与修复方法研究;BDS 星载原子钟性能分析及精密钟差建模预报,在对 BDS 卫星钟性能分析的基础上提出了一种组合的精密钟差预测方法。

本书具有较强的创新性、实用性和可操作性,可作为测绘科学技术专业领域本科生及研究生提升学术思维和开展学术研究的参考用书,对于从事卫星定位和大地测量教学、科研、生产、管理的专业技术人员也具有一定的参考价值。

本书由王建敏撰写完成,马天明、李特、王清旺做了大量工作。在编写本书的过程中,笔者阅读了大量 GNSS 方面的最新研究成果,参考了一些相关的专著和学术论文,吸收和借鉴了相关作者的研究成果和学术精华,得到了有关专家学者的指导和帮助,在此深表感激和敬意。

由于笔者水平有限,时间仓促,书中难免存在疏漏和不妥之处,敬请各位专家指导斧正。

著 者
2023 年 4 月

目　录

1 GNSS 概述

GNSS 的全称是全球导航卫星系统(global navigation satellite system),泛指所有的卫星导航系统,包括全球的、区域的和增强的,如美国的 GPS、俄罗斯的 Glonass、欧洲的 Galileo、中国的北斗卫星导航系统,以及相关的增强系统,如美国的 WAAS(广域增强系统)、欧洲的 EGNOS(欧洲静地导航重叠系统)和日本的 MSAS(多功能运输卫星增强系统)等,还涵盖在建和以后要建设的其他卫星导航系统。国际 GNSS 系统是个多系统、多层面、多模式的复杂组合系统。卫星导航定位技术目前已基本取代地基无线电导航、传统大地测量和天文测量导航定位技术,并推动了大地测量与导航定位的全新发展[1]。当今,GNSS 系统不仅是国家安全和经济的基础设施,也是体现现代化大国地位和国家综合国力的重要标志。由于其在政治、经济、军事等方面具有重要的意义,世界主要军事大国和经济体都在竞相发展独立自主的卫星导航系统。2007 年 4 月 14 日,我国成功发射了第一颗北斗二号卫星,标志着世界上第 4 个 GNSS 系统进入实质性的运作阶段。到 2020 年,美国 GPS、俄罗斯 GLONASS、欧盟 GALILEO 和中国北斗卫星导航系统 4 大 GNSS 系统已经建成或完成现代化改造。

1.1 GNSS 简介

1.1.1 GPS

GPS 是在美国海军导航卫星系统的基础上发展起来的无线电导航定位系统。其具有全能性、全球性、全天候、连续性和实时性的导航、定位和定时功能,能为用户提供精密的三维坐标、速度和时间。目前,GPS 共有在轨工作卫星 31 颗,其中,GPS-2A 卫星 10 颗,GPS-2R 卫星 12 颗,经现代化改进的带 M 码信号的 GPS-2R-M 和 GPS-2F 卫星共 9 颗。根据 GPS 现代化计划,2011 年美国推进了 GPS 更新换代进程。GPS-2F 卫星是第二代 GPS 向第三代 GPS 过渡的最后一种型号,将进一步使 GPS 提供更高的定位精度。

1.1.2 GLONASS

GLONASS 是由苏联国防部独立研制和控制的第二代军用卫星导航系统,该系统是继 GPS 之后的第二个全球卫星导航系统。GLONASS 系统由卫星、地面测控站和用户设备三个部分组成,系统由 21 颗工作星和 3 颗备份星组成,分布于 3 个轨道平面上,每个轨道面有 8 颗卫星,轨道高度为 1.9 万 km,运行周期为 11.25 h。GLONASS 系统于 20 世纪 70 年代开始研制,1984 年发射首颗卫星入轨。但由于航天拨款不足,该系统部分卫星一度老化,最严重时只剩 6 颗卫星运行,随着苏联解体,GLONASS 系统无以为继,到 2002 年 4 月,该系统只剩下 8 颗卫星在运行。2001 年 8 月起,俄罗斯在经济复苏后开始计划 GLONASS 现代化建设工作。2003 年 12 月,由俄罗斯应用力学科研生产联合公司研制的新一代卫星交付联邦航天局和国防部试用。2006 年 12 月 25 日,俄罗斯用质子-K 运载火箭发射了 3 颗 GLONASS-M 卫星,使格洛纳斯系统的卫星数量达到 17 颗。经过多方努力,GLONASS 导航星座历经 10 年瘫痪之后终于在 2011 年底恢复全系统运行。在技术方面,GLONASS 系统的抗干扰能力比 GPS 要好,但是其单点定位精确度不及 GPS 系统。

1.1.3 GALILEO

伽利略卫星导航系统(GALILEO)是由欧盟研制和建立的全球卫星导航定位系统。建立该系统的计划于 1992 年 2 月由欧洲委员会公布,并和欧洲航天局共同负责。系统由 30 颗卫星组成,其中 27 颗为工作卫星,3 颗为备份卫星。卫星轨道高度为 23 616 km,位于 3 个倾角为 56°的轨道平面内。2012 年 10 月,伽利略全球卫星导航系统第二批两颗卫星成功发射升空,与太空中已有的 4 颗正式的伽利略卫星可以组成网络,初步实现地面精确定位的功能。GALILEO 系统是世界上第一个基于民用的全球导航卫星定位系统,投入运行后,全球的用户将使用多制式的接收机,获得更多的导航定位卫星的信号,这将无形中极大地提高了导航定位的精度。

1.1.4 BDS

北斗卫星导航系统(BDS)是中国着眼于国家安全和经济社会发展需要,自主建设、独立运行的卫星导航系统,是为全球用户提供全天候、全天时、高精度的定位、导航和授时服务的国家重要空间基础设施。20 世纪后期,中国开始探索适合国情的卫星导航系统发展道路,已经完成了三步走发展战略:2000 年年底,建成北斗一号系统,向国内提供服务;2012 年年底,建成北斗二号系统,向亚太地区提供服务;2020 年 6 月,建成北斗全球系统,向全球提供服务,迈入全球时代。2035 年前还将建设完善更加泛在、更加融合、更加智能的综合时空体系。北斗卫星导航系统由空间段、地面段和用户段三个部分组成,可在全球范围内全天候、全天时地为各类用户提供高精度、高可靠定位、导航、授时服务,并具备短报文通信能力。

1.2 GNSS 定位原理

利用 GNSS 进行定位的基本原理就是把卫星视为"飞行"的控制点,在已知其瞬时坐标的条件下,以 GNSS 卫星和用户接收机天线之间距离或距离差为观测值,进行空间距离后方交会,从而确定用户接收机天线所在位置。所以,GNSS 测量定位的基本思想是利用测距码和载波相位获取表示距离的观测值。GNSS 测量需要用卫星时钟获取卫星发射信号的时刻,用接收机时钟获取接收机接收卫星信号的时刻,求得信号传播时间,进而计算站星间距离观测值。由于存在中误差,计算出来的距离并不等于站星间实际几何距离,所以称为伪距。而载波是不能进行标记的余弦波,以之作为测距信号进行相位观测虽然测量精度高,但是载波相位的整周数较难固定,还存在周跳等问题,数据处理较为复杂麻烦。目前,GPS 是最完善、使用范围最大的全球卫星导航系统,我国的 BDS 系统工作原理与 GPS 相似,是我国重点发展的空间基础设施,因此,在此主要以 GPS 和 BDS 为对象阐述 GNSS 定位的方法和原理。

1.2.1　GNSS 的时间系统与时间变换

导航定位测量活动的开展都要建立在正确的时空系统基础之上。BDS/GPS 的观测数据与坐标信息随时间的延续而不断改变,需要将随着时间变化情况准确记载并建立合适的模型进行刻画描述。

(1) GPS 时

为了实现精密定位与导航,GPS 设计定义了适用于 GPS 系统的时间系统。GPS 时(GPST)是由 GPS 地面监控系统的精密原子钟建立与维护的一种原子时。GPST 对秒长的定义和国际单位制(SI)一致,只是起算点不一样,GPS 与国际原子时 IAT 符合如下等式关系:

$$GPST = LAT - 19(s) \tag{1-1}$$

令 GPST 在 1980 年 1 月 6 日 0 时起算并与协调世界时 UTC 的时刻同步,即

$$GPST = LAT - 19(s) + n(s) \tag{1-2}$$

n 代表闰秒是一个整数,闰秒的具体时间由国际计量局通知。GPST 以周加上周内秒的方式表示。

(2) 北斗时

北斗卫星导航系统建立初期首先要建立适用于我国 BDS 系统的时间系统。北斗时(BDT)为 BDS 的时间系统,BDT 的起算时刻是 2006 年 1 月 1 日协调世界时 00 时 00 分 00 秒,BDST 同样用周加上周内秒的方式计时。

(3) 儒略日(Julian Day,JD)与 GPST 时间转换

计算 BDS 与 GPS 观测数据的时候,通常把观测数据中的日常时间转变成儒略日,之后再按照下面的公式改写成以周和周内秒表示的形式,使之和卫星星历中的时间一致。

$$GPS\ Week = INT[(JD - 2\ 444\ 244.5)/7] \tag{1-3}$$
$$GPS\ Second = (JD - 244\ 244.5 - 7 \times GPS\ Week) \times 86\ 400.0 \tag{1-4}$$

(4) BDST 与 GPST 时间转换

在不同卫星导航系统间进行数据处理时,建立一致的时间系统是基本前提。BDST 与GPST 除了起算时刻不同,其他时间系统的定义均一致,GPS 时与 BDS 时之间总是含有1 356 周的差值,在周内秒上始终包含 14 s 的偏差,按照如下公式进行时间系统转换:

$$BDG\ Week = GPS\ Week - 1\ 356 \tag{1-5}$$
$$BDS\ Second = GPS\ Second - 14 \tag{1-6}$$

1.2.2　GNSS 坐标系统与坐标转换

(1) 大地直角坐标系

大地直角坐标系通常采用表示位置在各个方向上的分量。如 BDS 所采用的是 BDCS(BDS coordinate system)坐标系,GPS 使用的是 WGS-84 坐标系。

(2) 大地坐标系

导航定位数据处理过程中,进行辅助数据计算或要求使用大地坐标系表示定位结果时才会使用大地坐标系。

（3）测站坐标系

测站坐标系坐标一般将测站所在的位置定义为坐标原点，用 N、E、U 分别表示坐标系的北方向、东方向和天顶垂直方向，是左手系坐标。在计算导航卫星的方位角、高度角和接收机天线高改正数时常采用测站坐标系，当定位结果需要用北方向、东方向和天顶垂直方向的分量进行表示时也会用到测站坐标系。

（4）坐标系转化

利用平移、旋转和缩放对两种大地直角坐标系进行互相转化，可按照如下公式进行转化：

$$\begin{bmatrix} X_2 \\ Y_2 \\ Z_2 \end{bmatrix} = (1+k) R_x(\Omega_x) R_y(\Omega_y) R_z(\Omega_z) \begin{bmatrix} X_1 \\ Y_1 \\ Z_1 \end{bmatrix} + \begin{bmatrix} \Delta X_0 \\ \Delta Y_0 \\ \Delta Z_0 \end{bmatrix} \tag{1-7}$$

式中，

$$R_x(\Omega_x) = \begin{bmatrix} 1 & 0 & 0 \\ 0 & \cos\Omega_x & \sin\Omega_x \\ 0 & -\sin\Omega_x & \cos\Omega_x \end{bmatrix}$$

$$R_y(\Omega_y) = \begin{bmatrix} \cos\Omega_y & 0 & -\sin\Omega_y \\ 0 & 1 & 0 \\ \sin\Omega_y & 0 & \cos\Omega_y \end{bmatrix}$$

$$R_z(\Omega_z) = \begin{bmatrix} \cos\Omega_z & \sin\Omega_z & 0 \\ -\sin\Omega_z & \cos\Omega_z & 0 \\ 0 & 0 & 1 \end{bmatrix}$$

式中，某个位置在大地直角坐标系 1 中的坐标用 (X_1, Y_1, Z_1) 表示，其在大地直角坐标系 2 中的坐标用 (X_2, Y_2, Z_2) 表示；$(\Delta X_0, \Delta Y_0, \Delta Z_0)$ 为坐标系在 X 轴、Y 轴、Z 轴三个方向上的平移变化量；$(\Omega_x, \Omega_y, \Omega_z)$ 为坐标系分别围绕三个坐标轴旋转的变化量；k 为两种坐标系之间的缩放比例。

卫星导航与定位数据处理时，坐标轴旋转变化量 $\Omega_x, \Omega_y, \Omega_z$ 一般很小，所以 X 轴、Y 轴、Z 轴三个方向上的旋转矩阵之积可进行简化：

$$\boldsymbol{R}_x(\Omega_x) \boldsymbol{R}_y(\Omega_y) \boldsymbol{R}_z(\Omega_z) = \begin{bmatrix} 1 & \Omega_z & -\Omega_y \\ -\Omega_z & 1 & \Omega_x \\ \Omega_y & -\Omega_x & 1 \end{bmatrix} \tag{1-8}$$

两种大地直角坐标系利用平移、旋转和缩放进行坐标系之间的转换时可采用下面的公式：

$$\begin{bmatrix} X_2 \\ Y_2 \\ Z_2 \end{bmatrix} = \begin{bmatrix} \Delta X_0 \\ \Delta Y_0 \\ \Delta Z_0 \end{bmatrix} + (1+k) \begin{bmatrix} 1 & \Omega_z & -\Omega_y \\ -\Omega_z & 1 & \Omega_x \\ \Omega_y & -\Omega_x & 1 \end{bmatrix} \begin{bmatrix} X_1 \\ Y_1 \\ Z_1 \end{bmatrix} \tag{1-9}$$

（5）不同大地坐标系之间的转化

不同大地坐标系之间的互相转化与大地直角坐标系之间的转化的思路类似，除了要知道平移量 $(\Delta X_0, \Delta Y_0, \Delta Z_0)$、旋转角 $(\Omega_x, \Omega_y, \Omega_z)$ 和缩放比例 k，还需要长半轴 a、短半轴 b、第

一偏心率 e 等参数,才能进行计算。大地坐标改变量求解公式如下:

$$\Delta\varphi = \frac{1}{M\sin 1''}\big[(a\Delta e^2 + e^2\Delta a)\sin\varphi\cos\varphi + ae^2\Delta e^2\sin^3\varphi\cos\varphi -$$
$$\sin\varphi\cos\lambda\Delta r - \sin\varphi\sin\lambda\Delta y + \cos\varphi\Delta z\big] - \sin\lambda\Omega_x + \cos\lambda\Omega_y \quad (1\text{-}10)$$

$$\Delta\lambda = \frac{1}{N\cos\varphi\sin 1''}(\cos\lambda\Delta y - \sin\lambda\Delta y) + \tan\varphi\cos\lambda\Omega_x + \tan\varphi\sin\lambda\Omega_y - \Omega_z \quad (1\text{-}11)$$

$$\Delta H = \cos\varphi\cos\lambda\Delta x + \cos\varphi\sin\lambda\Delta y + \sin\varphi\Delta z -$$
$$N(1 - e^2\sin^2\varphi)\frac{\Delta a}{a} + M(1 - e^2\sin^2\varphi)\sin^2\varphi\frac{\Delta e^2}{2(1-a)} -$$
$$a\alpha\sin(2\varphi)\sin\lambda\Omega_z + a\alpha\sin(2\varphi)\cos\lambda\Omega_y + ak \quad (1\text{-}12)$$

式中,

$$\alpha = \frac{a-b}{a}, \Delta a = \alpha_{\text{new}}, \Delta e^2 = (2-2\alpha)(\alpha_{\text{new}} - \alpha)$$

$$M = \frac{a(1-e^2)}{(1-e^2\sin^2\varphi)^{3/2}}, N = \frac{a}{(1-e^2\sin^2\varphi)^{1/2}}$$

式中,(φ,λ) 为原始大地坐标系的经纬度;α 为第一变率;M 为原坐标系的子午圈曲率半径;N 为原坐标系的卯酉圈曲率半径;下标 new 表示新的大地坐标系。

计算得到 $\Delta\varphi, \Delta\lambda, \Delta H$,用以对原坐标系进行改正得到新的大地坐标如下:

$$\begin{bmatrix} \varphi_{\text{new}} \\ \lambda_{\text{new}} \\ H_{\text{new}} \end{bmatrix} = \begin{bmatrix} \varphi \\ \lambda \\ H \end{bmatrix} + \begin{bmatrix} \Delta\varphi \\ \Delta\lambda \\ \Delta H \end{bmatrix} \quad (1\text{-}13)$$

(6) 大地坐标系与大地直角坐标系之间的坐标转化

大地坐标系与大地直角坐标系之间的坐标转化需要用到长半轴 a 和扁率 f 这两个参数,由 (B,L,H) 到 (X,Y,Z) 的坐标变换公式如下:

$$\begin{bmatrix} X \\ Y \\ Z \end{bmatrix} = \begin{bmatrix} (N+H)\cos B\cos L \\ (N+H)\cos B\cos L \\ [N(1-e^2)+H]\sin B \end{bmatrix} \quad (1\text{-}14)$$

式中,$e^2 = 2f - f^2$。

反之进行由 (X,Y,Z) 到 (B,L,H) 的坐标变换公式如下:

$$\begin{bmatrix} B \\ L \\ H \end{bmatrix} = \begin{bmatrix} \arctan\dfrac{Z+Ne^2\sin B}{(X^2+Y^2)^{1/2}} \\ \arctan\dfrac{Y}{X} \\ \dfrac{(X^2+Y^2)^{1/2}}{\cos B} - N \end{bmatrix} \quad (1\text{-}15)$$

式中,B 的初始值 $B_0 = \arctan\dfrac{Z}{(X^2+Y^2)^{1/2}}$,采用迭代计算的方式求解 B,当相邻两次求解 B 值差值小于预先设定的限值时迭代结束,B 值求出。

(7) 测站坐标系与大地直角坐标系之间的坐标转化

测站坐标系与大地直角坐标系之间的坐标转化需要使用大地经纬度 φ 和 λ,由 (x,y,z) 转化到 (X,Y,Z) 可依照下式计算:

$$\begin{bmatrix} X \\ Y \\ Z \end{bmatrix} = R \begin{bmatrix} -\sin\varphi\cos\lambda & -\sin\lambda & \cos\varphi\cos\lambda \\ -\sin\varphi\sin\lambda & \cos\lambda & \cos\varphi\sin\lambda \\ \cos\varphi & 0 & \sin\varphi \end{bmatrix} \tag{1-16}$$

由 (X,Y,Z) 转化到 (x,y,z) 可依照下式计算：

$$\begin{bmatrix} x \\ y \\ z \end{bmatrix} = R \begin{bmatrix} -\sin\varphi\cos\lambda & -\sin\varphi\sin\lambda & \cos\varphi \\ -\sin\lambda & \cos\lambda & 0 \\ \cos\varphi\cos\lambda & \cos\varphi\sin\lambda & \sin\varphi \end{bmatrix} \begin{bmatrix} X \\ Y \\ Z \end{bmatrix} \tag{1-17}$$

（8）北斗系统 CGCS2000 坐标系与 GPS 系统 WGS-84 坐标系之间的转化

北斗系统和 GPS 系统使用的坐标系在坐标原点、尺度和定向这几个方面的定义基本相同，两种坐标系统的扁率略微不同，扁率不同会将造成相同位置在两种坐标系中坐标的改变[2]。BDS/GPS 双系统联合定位解算的基本要求最先就是要统一两个系统的坐标系，可通过位置已知的各参考站分别在 BDCS 和 WGS-84 坐标系中的坐标，计算参考站网所在范围内的坐标变化参数。流动站用户就可使用求得的坐标变化参数进行坐标在 BDCS 和 WGS-84 之间的转化。如果使用双系统预报星历就可以免去坐标系统转换的计算。

2 GNSS 长距离网络 RTK 定位算法研究

GNSS 网络 RTK 又被称为多基准站 RTK,作为 GNSS 高精度实时动态定位的一种重要手段已经广泛应用于各个领域。卫星轨道误差和大气延迟误差等系统误差会随着参考站之间距离的增加而相关性降低,使得网络 RTK 基准站间距离大多数在 30～80 km 之间,造成基准站建设成本高、选址困难等问题。如果在不损失定位精度的情况下,增加基准站间的距离可以大幅降低网络 RTK 系统的建设成本。

本书针对网络 RTK 基准站间距离受到限制而造成 CORS 系统建设成本高的问题,提出了 GNSS 长距离网络 RTK 定位算法。该算法首先利用 MW 组合观测方程解算基准站双差宽巷整周模糊度,然后采用 Saastamoinen 模型和 CFA2.2 映射函数模型相结合解算双差对流层干分量延迟残差,并将双差对流层湿分量延迟残差作为未知参数进行估计,同时结合无电离层组合观测值解算基准站双差载波整周模糊度;采用综合误差内插法解算基准站和流动站的误差改正数;利用最小二乘法逐历元进行法方程叠加解算流动站双差模糊度浮点解,并运用 LAMBDA 算法和通过 TIKHONOV 正则化改进的 LAMBDA 算法搜索固定流动站双差宽巷整周模糊度和双差载波整周模糊度,进而获得流动站厘米级定位结果。通过实验分析验证该算法能够将基准站间距离提高到 100～150 km,使流动站用户能够获得厘米级定位结果。

2.1 研究背景、意义、内容及技术路线

2.1.1 研究背景

GNSS 定位技术是采用 GNSS 导航卫星对地面、海洋、空中和空间用户进行导航定位的技术。GNSS 定位技术能够实现全球性、全天候、高精度的导航定位,并在军事、空间技术、国民经济建设等领域广泛应用。网络 RTK(network real-time kinematic positioning, NRTK)技术是新一代高精度实时定位手段,是应用卫星导航定位利用参考站网的动态定位服务技术,融合了全球卫星导航系统、网络通信和计算机处理等多种先进技术。网络 RTK 是指在一定地域内建立多个(大多数为 3 个及以上)参考站,形成覆盖该区域的网状参考站系统,利用区域内的参考站观测信息,计算和发播误差改正信息,实时改正该区域内流动站用户的定位方式。常规 GNSS 差分定位模型之所以无法实现精确定位,是因为差分观测值的空间相关误差(对流层延迟误差、电离层延迟误差等)在参考站和流动站之间距离较大时不能被有效削弱或消除,而网络 RTK 方法可以解决流动站高精度定位时误差、残差的影响。网络 RTK 扩大了流动站定位的测量范围,在其有效覆盖范围内,可以通过双差定位模型消除或削弱空间相关误差的影响,也可以通过非差定位观测模型直接估计卫星钟差、接收

机钟差等非空间相关性误差的影响[3]。

目前 RTK 技术已经成为 GNSS 高精度实时动态定位手段之一,它通过差分方法实时处理基准站和流动站的观测值,能够为用户实时提供厘米级定位结果。RTK 又分为常规 RTK 和网络 RTK。常规 RTK 主要利用的是测站间距离短且误差相关性强的特点,对观测值进行简单的双差计算即可消除或削弱误差的影响,从而获得高精度的定位结果。基于常规 RTK 这个特点,其作业范围相应受到限制,一般不超过 15 km。而网络 RTK 的定位原理是将 3 个或 3 个以上基准站建立在一个区域内,通过数学模型解算该区域内基准站误差改正和区域内任意位置的流动站误差改正,通过解算的误差来改正流动站观测值并最终得到厘米级的定位结果,所以网络 RTK 在作业范围内较常规 RTK 有较大优势,一般可达到 30～80 km。

基于网络 RTK 的优势,网络 RTK 技术已经在各个领域得到了广泛应用,同时,应用网络 RTK 技术建设 CORS 系统成为 GNSS 领域的研究热点,现在一些国家和地区都拥有了自己的 CORS 系统,我国国内各个省、区、市也都建立了自己的 CORS 系统。基于 CORS 系统的网络 RTK 技术已经成为一种重要的高精度实时动态定位手段,在许多领域得到了广泛应用,而改善和提高网络 RTK 算法的精度对进一步推动网络 RTK 技术的发展具有重要作用。网络 RTK 算法作为网络 RTK 技术的最核心部分,受到国内外许多 GNSS 高精度实时动态定位研究者的关注,并在网络 RTK 算法研究方面取得了很多成果。网络 RTK 算法的研究成果对网络 RTK 技术的进一步发展起了关键性作用。随着北斗卫星导航系统的发展、全球布网、三频信号的播发,如何在已有的 GPS 基础设施上发展多 GNSS 网络 RTK 系统,发挥多频和混合星座的优势,实现 GNSS 组合的网络 RTK 系统建设,需要更多科学研究成果和理论依据。

2.1.2 研究意义

网络 RTK 技术能够为用户提供实时的厘米级定位服务,在军事、工程、科研等方面得到了广泛应用,但是 GNSS 网络 RTK 仍存在一些弊端,比如它的作业范围一般为 30～80 km,这样需要建设大量的基准站,增加了 CORS 系统的建设成本,同时增加了基准站建设的困难,而 GNSS 长距离网络 RTK 可以把基准站的作业范围扩大到 100～150 km,这样不仅降低了基准站建设的困难程度,还减少了基准站的建设数量,降低了 CORS 系统的建设成本,对 CORS 系统的建设具有重要意义。

如果在 200 km×200 km 范围内分别采用 GNSS 网络 RTK 算法和 GNSS 长距离网络 RTK 算法进行定位,假设选择网络 RTK 基准站间距为 40 km,选择 GNSS 长距离网络 RTK 基准站间距为 100 km,如图 2-1 所示,按照 40 km 站间距布设基准站,在 200 km×200 km 范围内需要布设 36 个基准站实现对该区域的覆盖,而按照 100 km 站间距布设基准站,在 200 km×200 km 范围内只需要布设 9 个基准站就可以实现对该区域的覆盖(图 2-1),所以两种布站方式在同样获得厘米级定位结果的前提下,GNSS 长距离网络 RTK 定位算法扩大了作业范围,减少了基准站的建设数量,对 CORS 系统的建设和网络 RTK 定位手段的应用具有重要意义。

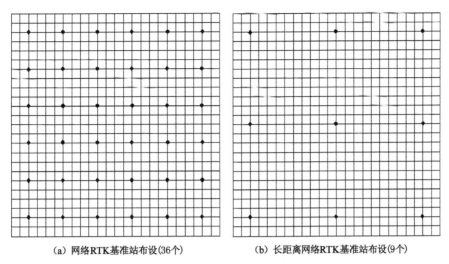

（a）网络RTK基准站布设(36个)　　　　（b）长距离网络RTK基准站布设(9个)

图 2-1　基准站分布图

2.1.3　研究内容与技术路线

（1）研究 GNSS 长距离网络 RTK 定位算法的基础数学模型，以双差载波相位观测值和双差伪距观测值相结合的形式进行定位，同时研究长距离网络 RTK 定位中需要考虑的误差以及各类误差的处理方法。

（2）详细研究 GNSS 网络 RTK 基准站整周模糊度解算方法，针对 GNSS 网络 RTK 基准站间距离被限制在 80 km 以内的问题，研究 GNSS 长距离网络 RTK 基准站整周模糊度的解算模型，通过 MW 组合观测值解算双差宽巷整周模糊度，同时将双差对流层干分量延迟残差通过数学模型进行解算，将双差对流层湿分量延迟残差作为未知参数进行估计，然后与无电离层组合观测方程结合以消除双差电离层延迟残差，进而求解双差载波整周模糊度。

（3）研究目前存在的长距离网络 RTK 误差处理模型，分析各个模型的优点和特点，决定在本书中采用综合误差内插法解算基准站和流动站的误差改正数，以提高流动站观测值的精度。

（4）对目前存在的流动站整周模糊度的解算方法进行详细探讨和研究，考虑到要快速解算流动站整周模糊度的整数解除要求整周模糊度的浮点解精度足够高以外，还要求整数解的搜索算法能够更加快速、准确、稳定，于是提出首先通过最小二乘算法解算流动站整周模糊度的浮点解，然后利用 LAMBDA 算法和 TIKHONOV 正则化改进的 LAMBDA 算法确定双差宽巷整周模糊度和双差载波相位整周模糊度，最后解算流动站的厘米级定位结果。

（5）利用自编的 GNSS 长距离网络 RTK 定位软件，采用江苏省的 CORS 网观测数据，对长距离网络 RTK 定位解算进行验证，并对实验结果进行分析，最后评定 GNSS 长距离网络 RTK 定位算法的定位精度。

本书的技术路线如图 2-2 所示。

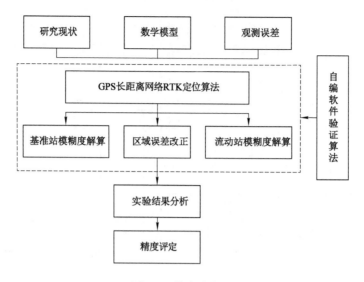

图 2-2　技术路线图

2.2　GNSS 长距离网络 RTK 数学模型

　　解算网络 RTK 的数学模型主要采用载波相位观测值估计未知参数,伪距观测值主要用于解算双差宽巷模糊度以及流动站位置的初值。本节首先介绍 GNSS 定位中使用的原始观测值和差分观测值,然后阐述观测方程以及观测方程的线性化。

2.2.1　观测值及观测方程

2.2.1.1　伪距观测值及观测方程

　　测码伪距观测值就是信号从卫星传播到接收机所用时间乘以光速得到的距离,由于所测得的距离包含用户接收机的钟差以及对流层和电离层的误差,并非真实距离,所以称为伪距观测值。

　　理论上卫星发出信号和接收机接收到信号存在时间差,它与光速的乘积为卫星到用户接收机的距离,但是实际上无论是接收机还是卫星,均存在钟差,而且信号在传播过程中因为大气延迟并不是以光速传播的,所以卫地几何距离的表达式如式(2-1)所示。

$$\rho' = \rho - V_{ion} - V_{trop} + cV_{ts} - cV_{tR} \tag{2-1}$$

式中,ρ' 为伪距的测量值;ρ 为卫地距离;V_{ion} 为电离层误差;V_{trop} 为对流层误差;c 为光速,$c = 299\ 792\ 458$ m/s;V_{ts} 为卫星钟差;V_{tR} 为接收机钟差。

　　这里假设测站的坐标为 (X,Y,Z),某一时刻某颗卫星的坐标为 (X^i,Y^i,Z^i),则卫星到接收机的几何距离 ρ 可以表示成式(2-2)的形式。

$$\rho^i = \sqrt{(X^i - X)^2 + (Y^i - Y)^2 + (Z^i - Z)^2} \tag{2-2}$$

　　将式(2-2)代入式(2-1)即得到伪距观测方程,但是,因为卫星的真实位置并不是已知的,我们只是根据卫星的广播星历计算出卫星的大概位置,所以会存在卫星轨道误差 O_i,同时在距离测量的时候还存在多路径误差 δ_i 以及测量噪声 ε_i,所以伪距观测方程的完整表达式如式(2-3)所示。

$$\rho'_i = \rho_i - cV_{tR} + c(V_{ts})_i - (V_{ion})_i - (V_{trop})_i + \delta_i + O_i + \varepsilon_i \tag{2-3}$$

但在运用式(2-3)进行计算时,卫星轨道误差是未知量,可以通过选择精度足够高的卫星星历使其影响忽略不计,而多路径误差一般无法测量或计算得到,只能通过把测站设置在较开阔的地方来尽量降低它的影响。公式中还存在测量噪声这一项,因其对定位结果不产生影响,所以一般不予考虑,所以在计算的时候,伪距观测方程如式(2-4)所示。

$$\rho'_i = \rho_i - cV_{tR} + c(V_{ts})_i - (V_{ion})_i - (V_{trop})_i \tag{2-4}$$

2.2.1.2 载波观测值及观测方程

载波是由振荡器产生的能够被当作信号传输的电波,通常情况下载波信号被调制在高频载波上发射和接收,经常用到载波信号解算距离,因此称其为载波相位观测值[4]。

在 GNSS 定位中,测出信号从卫星传播到接收机累计传播的周数再与载波的波长相乘即可得到卫星到接收机的距离,但是,由于载波是无任何特殊标记的余弦波,所以接收机只能测得不足一周的部分,因此载波相位的实际观测值与卫星到接收机之间的距离的关系可用式(2-5)表示。

$$\rho'_i = \lambda(\varphi_i + N_i) \tag{2-5}$$

将式(2-5)代入式(2-3)即可得到载波相位观测方程,如式(2-6)所示。

$$\varphi_i\lambda = \rho_i - cV_{tR} + c(V_{ts})_i - N_i\lambda - (V_{ion})_i - (V_{trop})_i + \delta_i + O_i + \varepsilon_i \tag{2-6}$$

在使用载波相位观测方程进行计算时,与伪距观测方程相同,对于卫星轨道误差 O_i,多路径误差 δ_i 以及测量噪声 ε_i 的具体数值仍然未知,但可以通过采取相应措施使其影响降低到可以忽略的范围之内,所以,在利用载波相位观测方程进行解算时,可以写成式(2-7)的形式。

$$\varphi_i\lambda = \rho_i - cV_{tR} + c(V_{ts})_i - N_i\lambda - (V_{ion})_i - (V_{trop})_i \tag{2-7}$$

2.2.2 差分定位数学模型

2.2.2.1 星间单差观测方程

为了消除接收机钟差,对式(2-3)和式(2-6)在卫星间求一次差得到伪距和载波的星间单差观测方程,如式(2-8)和式(2-9)所示。

$$\Delta\rho'^{pq}_A = \Delta\rho^{pq}_A - c\Delta V^{pq}_A - \Delta V^{pq}_{ion\,A} - \Delta V^{pq}_{trop\,A} + \Delta\delta^{pq}_A + \Delta O^{pq}_A + \Delta\varepsilon^{pq}_A \tag{2-8}$$

$$\lambda\Delta\varphi^{pq}_A = \Delta\rho^{pq}_A - c\Delta V^{pq}_A - \lambda\Delta N^{pq}_A - \Delta V^{pq}_{ion\,A} - \Delta V^{pq}_{trop\,A} + \Delta\delta^{pq}_A + \Delta O^{pq}_A + \Delta\varepsilon^{pq}_A \tag{2-9}$$

在式(2-8)和式(2-9)中,Δ 表示单差算子,A 表示测站,p,q 表示卫星号,其余符号与式(2-6)相同。若测站数为 n_i,同一时间所有测站共同观测到的卫星数为 n_j,总的观测历元数为 n_k,则有:

$$N_1 = n_i(n_j - 1)n_k \tag{2-10}$$

$$N_2 = (n_j - 1)(3 + n_k + n_i) \tag{2-11}$$

式中,N_1 为单差观测方程总数;N_2 为未知参数总数。

若要保证方程有解,则必须保证 $n_i(n_j-1)n_k \geqslant (n_j-1)(3+n_k+n_i)$,另外有 $n_j-1\geqslant 1$,所以可以得出:

$$n_k \geqslant \frac{n_i + 3}{n_i - 1} \tag{2-12}$$

由式(2-12)可以看出:在保证方程有解的前提下,历元个数与测站数相关,与所观测到的卫星数无关。

2.2.2.2 站间单差观测方程

为了消除卫星钟差以及削弱卫星轨道误差的影响,对测码伪距观测方程式(2-3)和载波相位观测方程式(2-6)在测站间求一次差,得到测码伪距站间单差观测方程和载波相位站间单差观测方程,如式(2-13)和式(2-14)所示。

$$\Delta\rho{'}^{p}_{AB} = \Delta\rho^{p}_{AB} - c\Delta V^{p}_{AB} - \Delta V^{p}_{\text{ion }AB} - \Delta V^{p}_{\text{trop }AB} + \Delta\delta^{p}_{AB} + \Delta O^{p}_{AB} + \Delta\varepsilon^{p}_{AB} \tag{2-13}$$

$$\lambda\Delta\varphi^{p}_{AB} = \Delta\rho^{p}_{A} - c\Delta V^{p}_{AB} - \lambda\Delta N^{p}_{AB} - \Delta V^{p}_{\text{ion }AB} - \Delta V^{p}_{\text{trop }AB} + \Delta\delta^{p}_{AB} + \Delta O^{p}_{AB} + \Delta\varepsilon^{p}_{AB} \tag{2-14}$$

在式(2-13)和式(2-14)中,A,B 表示测站,其余变量与式(2-8)相同。如果测站数为 i,同一时间所有测站共同观测到的卫星数为 n_j,总的观测历元数为 n_k,则有:

$$M_1 = n_i(n_j - 1)n_k \tag{2-15}$$

$$M_2 = (n_j - 1)(3 + n_k + n_i) \tag{2-16}$$

式中,M_1 为单差观测方程总数;M_2 为未知参数总数。

若要保证方程有解,则必须保证 $n_i(n_j-1)n_k \geqslant (n_j-1)(3+n_j+n_i)$,另外有 $(n_j-1)\geqslant 1$,所以可以得出:

$$n_k \geqslant \frac{n_i + 3}{n_i - 1} \tag{2-17}$$

由式(2-17)可以看出:在保证方程有解的前提下,历元个数与测站数相关,与所观测到的卫星数无关。

2.2.2.3 双差观测方程

对式(2-13)和式(2-14)在卫星间再次求差就可以得到测站 A,B 间卫星 p,q 的伪距和载波双差观测方程,如式(2-18)和式(2-19)所示。

$$\Delta\nabla\rho{'}^{pq}_{AB} = \Delta\nabla\rho^{pq}_{AB} - c\Delta\nabla V^{pq}_{AB} - \Delta\nabla V^{pq}_{\text{ion }AB} - \Delta\nabla V^{pq}_{\text{trop }AB} + \Delta\nabla\delta^{pq}_{AB} + \Delta\nabla O^{pq}_{AB} + \Delta\nabla\varepsilon^{pq}_{AB} \tag{2-18}$$

$$\lambda\Delta\nabla\varphi^{pq}_{AB} = \Delta\nabla\rho^{pq}_{A} - \lambda\Delta\nabla N^{pq}_{AB} - \Delta\nabla V^{pq}_{\text{ion }AB} - \Delta\nabla V^{pq}_{\text{trop }AB} + \Delta\nabla\delta^{pq}_{AB} + \Delta\nabla O^{pq}_{AB} + \Delta\nabla\varepsilon^{pq}_{AB} \tag{2-19}$$

在式(2-18)和式(2-19)中,$\Delta\nabla$ 表示双差算子,双差观测方程消除了接收机和卫星的钟差,同时在很大程度上削弱了其他误差的影响。如果测站数为 n_i,同一时间所有测站共同观测到的卫星数为 n_j,总的观测历元数为 n_k 的情况下有:

$$L_1 = (n_i - 1)(n_j - 1)n_k \tag{2-20}$$

$$L_2 = 3(n_i - 1) + (n_j - 1)(n_i - 1) \tag{2-21}$$

式中,1 为双差观测方程总数;L_2 为未知参数总数。

若要保证方程有解,则必须保证 $(n_i-1)(n_j-1)n_k \geqslant 3(n_i-1)+(n_j-1)(n_i-1)$,考虑到 $n_i-1\geqslant 1$,$n_j-1\geqslant 4$,所以可以得到:

$$n_k \geqslant \frac{n_j + 2}{n_j - 1} \tag{2-22}$$

由式(2-22)可以看出:在保证方程有解的前提下,历元个数与测站数相关,与所观测到的卫星数无关,而要解算位置参数和模糊度,在不引入伪距观测值而影响精度的情况下需要用多个历元的观测值来进行解算。

2.2.3　观测方程线性化

2.2.3.1　伪距观测方程线性化

假设测站 A 的坐标为 $[X_A, Y_A, Z_A]$，卫星 p 的坐标为 $[X^p, Y^p, Z^p]$，则卫地间的距离可以用式(2-23)表示。

$$\rho_A^p = \sqrt{(X_A - X^p)^2 + (Y_A - Y^p)^2 + (Z_A - Z^p)^2} \tag{2-23}$$

这里假设：X_0^p 为卫星 p 的坐标近似值向量；X_{A0} 为观测站 A 的坐标近似值向量；$\delta X^p = [\delta x^p, \delta y^p, \delta z^p]$ 为卫星坐标的改正数向量；$\delta X_A = [\delta x_A, \delta y_A, \delta z_A]$ 为测站 A 的改正数向量，则测站 A 到卫星 p 的方向余弦可以表示成式(2-24)的形式。

$$\begin{cases} \dfrac{\partial \rho_A^p}{\partial x^p} = \dfrac{1}{\rho_{A0}^p}[x_0^p - x_{A0}] = l_A^p \\[2mm] \dfrac{\partial \rho_A^p}{\partial y^p} = \dfrac{1}{\rho_{A0}^p}[y_0^p - y_{A0}] = m_A^p \\[2mm] \dfrac{\partial \rho_A^p}{\partial z^p} = \dfrac{1}{\rho_{A0}^p}[z_0^p - z_{A0}] = n_A^p \end{cases} \tag{2-24}$$

而

$$\begin{cases} \dfrac{\partial \rho_A^p}{\partial x_A} = -l_A^p \\[2mm] \dfrac{\partial \rho_A^p}{\partial y_A} = -m_A^p \\[2mm] \dfrac{\partial \rho_A^p}{\partial z_A} = -n_A^p \end{cases} \tag{2-25}$$

式中，

$$\rho_{A0}^p = \sqrt{(x_0^p - x_{A0})^2 + (y_0^p - y_{A0})^2 + (z_0^p - z_{A0})^2} \tag{2-26}$$

在取一阶项的情况下，式(2-23)可以写成式(2-27)的形式。

$$\rho_A^p = \rho_{A0}^p + [l_A^p \quad m_A^p \quad n_A^p] \cdot [\partial X^p - \partial X_A] \tag{2-27}$$

则伪距观测方程式(2-3)线性化后如式(2-28)所示。

$$\rho_A^p = \rho_{A0}^p + [l_A^p \quad m_A^p \quad n_A^p] \cdot [\partial X^p - \partial X_A] - cV_{tR} + cV_{tS} - (V_{ion})_A^p - (V_{trop})_A^p + \delta_A^p + O_A^p + \varepsilon_A^p \tag{2-28}$$

在 GNSS 定位中，根据导航电文可以计算出卫星的瞬时坐标，将此卫星坐标作为卫星位置的已知值，即 $\partial X^p = 0$，所以式(2-28)可以写成式(2-29)的形式。

$$\rho_A^p = \rho_{A0}^p - [l_A^p \quad m_A^p \quad n_A^p] \cdot \begin{bmatrix} \partial x_A \\ \partial y_A \\ \partial z_A \end{bmatrix} - cV_{tA} + cV_{tP} - (V_{ion})_A^p - (V_{trop})_A^p + \delta_A^p + O_A^p + \varepsilon_A^p \tag{2-29}$$

2.2.3.2　载波观测方程线性化

将式(2-27)代入式(2-6)可以得到线性化后的载波观测方程如式(2-30)所示。

$$\varphi_i \lambda = \rho_{A0}^p + [l_A^p \quad m_A^p \quad n_A^p] \cdot [\partial X^p - \partial X_A] - cV_{tA} + cV_{tP} - N_{AP}\lambda - (V_{ion})_A^p -$$
$$(V_{trop})_A^p + \delta_A^p + O_A^p + \varepsilon_A^p \tag{2-30}$$

对于载波相位观测方程,同样利用导航电文可以得到卫星的瞬时坐标作为已知值,即 $\partial X^p = 0$,则式(2-30)可以写成式(2-31)的形式。

$$\varphi_i \lambda = \rho_{A0}^p - \begin{bmatrix} l_A^p & m_A^p & n_A^p \end{bmatrix} \cdot \begin{bmatrix} \partial x_A \\ \partial y_A \\ \partial z_A \end{bmatrix} - cV_{tA} + cV_{tP} - N_{AP}\lambda - (V_{\text{ion}})_A^p - (V_{\text{trop}})_A^p + \delta_A^p + O_A^p + \varepsilon_A^p$$

$$(2\text{-}31)$$

2.2.3.3 双差观测方程线性化

在双差观测方程中,基准站坐标被视为已知值,所以基准站方向余弦值为 0,因此双差观测方程线性化后的形式如式(2-32)和式(2-33)所示。

$$\Delta\nabla\rho'^{pq}_{AB} = \Delta\nabla\rho^{pq}_{AB} + \left[(l_B^p - l_B^q)(m_B^p - m_B^q)(n_B^p - n_B^q) \right] \cdot \begin{bmatrix} \partial x_A \\ \partial y_A \\ \partial z_A \end{bmatrix} -$$

$$c\Delta\nabla V^{pq}_{\text{ion } AB} - c\Delta\nabla V^{pq}_{\text{trop } AB} + \Delta\nabla\delta^{pq}_{AB} + \Delta\nabla O^{pq}_{AB} + \Delta\nabla\varepsilon^{pq}_{AB} \quad (2\text{-}32)$$

$$\lambda\Delta\nabla\varphi^{pq}_{AB} = \Delta\nabla\rho^{pq}_{AB} + \left[(l_B^p - l_B^q)(m_B^p - m_B^q)(n_B^p - n_B^q) \right] \cdot \begin{bmatrix} \partial x_A \\ \partial y_A \\ \partial z_A \end{bmatrix} -$$

$$\lambda\Delta\nabla N^{pq}_{AB} - c\Delta\nabla V^{pq}_{\text{ion } AB} - c\Delta\nabla V^{pq}_{\text{trop } AB} + \Delta\nabla\delta^{pq}_{AB} + \Delta\nabla O^{pq}_{AB} + \Delta\nabla\varepsilon^{pq}_{AB}$$

$$(2\text{-}33)$$

式中,

$$\Delta\nabla\rho^{pq}_{AB} = p_{B0}^p - \rho_A^p - \rho_{B0}^q + \rho_A^q \quad (2\text{-}34)$$

$$\begin{cases} \rho_{B0}^p = \sqrt{(x^p - x_{B0})^2 + (y^p - y_{B0})^2 + (z^p - z_{B0})^2} \\ \rho_A^p = \sqrt{(x^p - x_A)^2 + (y^p - y_A)^2 + (z^p - z_A)^2} \\ \rho_{B0}^q = \sqrt{(x^q - x_{B0})^2 + (y^q - y_{B0})^2 + (z^q - z_{B0})^2} \\ \rho_A^q = \sqrt{(x^q - x_A)^2 + (y^q - y_A)^2 + (z^q - z_A)^2} \end{cases} \quad (2\text{-}35)$$

$$\begin{cases} l_B^p - l_B^q = \dfrac{x_{B0} - x^p}{\rho_{B0}^p} - \dfrac{x_{B0} - x^q}{\rho_{B0}^q} \\[2mm] m_B^p - m_B^q = \dfrac{y_{B0} - y^p}{\rho_{B0}^p} - \dfrac{y_{B0} - y^q}{\rho_{B0}^q} \\[2mm] n_B^p - n_B^q = \dfrac{z_{B0} - z^p}{\rho_{B0}^p} - \dfrac{z_{B0} - z^q}{\rho_{B0}^q} \end{cases} \quad (2\text{-}36)$$

2.3 GNSS 长距离网络 RTK 观测误差

在 GNSS 长距离网络 RTK 定位中,误差处理是核心问题之一,采用不同的处理方法可以得到精度更高的数值,对于模糊度的解算以及获得厘米级的定位结果来说都非常关键。但是,在实际测量中,由于受到观测仪器软硬件和观测环境等因素的影响,误差种类繁多,目前主要分为以下 3 类共 9 种误差,具体内容如下。

2.3.1 与卫星有关的误差

2.3.1.1 卫星星历误差

某一时刻卫星的真实坐标与通过模型解算的坐标之间存在差异,这种误差称为卫星星历误差,其大小取决于计算卫星轨道的数学模型、原始数据的观测时长以及星历产品的种类[5]。目前,通过导航电文计算的卫星的位置精度能够达到 1 m 左右,而利用事后精密星历计算卫星的位置精度可以达到 3 cm 左右。

在 GNSS 差分定位中,卫星轨道误差与测站间的距离有直接关系,在 GNSS 网络 RTK 定位中,一般基准站间的距离在 30~80 km 范围内,所以采用 GNSS 广播星历就可以满足精度要求,当进行 GNSS 长距离网络 RTK 定位时,基准站间的距离一般达到 100~150 km,此时,若只考虑卫星的轨道误差对基准站间整周模糊度的解算也影响不大,但是,如果再加上电离层延迟残差和对流层延迟残差等误差的影响,有可能导致 GNSS 长距离网络 RTK 基准站模糊度整数解不能准确固定,因此,对 GNSS 长距离网络 RTK 基准站模糊度整数解的固定以及误差处理算法需要进一步研究。

2.3.1.2 卫星钟差

尽管卫星上安装的都是高精度的原子钟,但是仍然与 GNSS 的准确时间存在差异,这就是卫星钟差[6]。假设卫星钟差用 Δt 表示,则在 t 时刻卫星钟的钟差解算公式如式(2-37)所示。

$$\Delta t = a_0 + a_1(t - t_0) + a_2(t - t_0)^2 \int_{t_0}^{t} y(t)\mathrm{d}t \qquad (2\text{-}37)$$

式中,a_0 为 t_0 时刻卫星钟钟差;a_1 为 t_0 时刻卫星钟钟速(频偏);a_2 为 t_0 时刻卫星钟加速度(频漂)。这三项数值由 GNSS 卫星系统的地面监控系统根据以前的跟踪资料得到,然后根据该钟的特性加以预报并编入卫星导航电文文件播发给用户。$\int_{t_0}^{t} y(t)\mathrm{d}t$ 为随机项,其准确值是无法计算或测定的,在使用式(2-37)计算卫星钟差的时候一般对该项忽略不计。

2.3.1.3 相对论效应

相对论效应是指接收机钟和卫星钟的时间不一致,二者存在一个微小的相对误差。相对论效应又分为狭义和广义两种,由狭义相对论效应引起的钟频变化可以写成式(2-38)的形式。

$$\Delta f_1 = f_s - f = -\frac{V_s^2}{2c^2}f \qquad (2\text{-}38)$$

式中,f_s 为考虑狭义相对论效应后的钟频;f 为静止状态下的钟频;V_s 为卫星运动的速度。

由广义相对论效应引起的钟频变化可以写成式(2-39)的形式。

$$\Delta f_2 = \frac{u}{c^2}\left(\frac{1}{R} - \frac{1}{r}\right)f \qquad (2\text{-}39)$$

在式(2-39)中,u 是一个常数($u = 398\ 600.5\ \mathrm{km^3/s^2}$);$R$ 为地面测站到地心的距离;r 为卫地距离。因此总的相对论效应解算公式见式(2-40)。

$$\Delta f = \frac{f}{c^2}\left(\frac{u}{R} - \frac{u}{r} - \frac{V_s^2}{2}\right)f \qquad (2\text{-}40)$$

式中,

$$
\begin{cases}
\dfrac{V_s^2}{2} = \dfrac{u}{r} - \dfrac{u}{2a} \\
r = \dfrac{(1-e^2)a}{1+e\cos F}
\end{cases}
\tag{2-41}
$$

式中,e 为卫星位置的偏心率;a 为卫星轨道的长半径;E 为卫星的偏近点角;F 为卫星的真近点角,$\cos F = \dfrac{\cos E - e}{1 - e\cos E}$。

这里假设地球是一个标准的圆球,同时假设卫星的运行轨迹是一个标准的圆,其半径等于 a,那么 $e=0$,此时,式(2-40)结合式(2-41)可以写成式(2-42)的形式。

$$
\Delta f = \frac{u}{c^2}\left(\frac{1}{R} - \frac{3}{2a}\right)f
\tag{2-42}
$$

将 $R=6\,378$ km,$a=26\,560$ km,$u=398\,600.5$ km³/s²,$c=299\,792.458$ km/s 代入式(2-42)可得到相对论效应的综合影响,如式(2-43)所示。

$$
\Delta f = 4.443 \times 10^{-10}\, f
\tag{2-43}
$$

式(2-43)把卫星轨道看作半径为 a 的圆轨道,而且 GNSS 偏心率 e 虽然很小,但是毕竟不等于 0,所以在式(2-43)的基础上相对论效应的综合影响还需要加上一个改正项,如式(2-44)所示。

$$
\Delta f' = \frac{2\sqrt{au}}{tc^2}\,e\sin E
\tag{2-44}
$$

由 $\Delta f'$ 导致的时间延迟可以用式(2-45)表示。

$$
t_r = \frac{2\sqrt{au}}{c^2}\,e\sin E
\tag{2-45}
$$

由 $\Delta f'$ 导致的距离上的误差可以用式(2-46)表示。

$$
\rho = \frac{2\sqrt{au}}{c}\,e\sin E
\tag{2-46}
$$

2.3.2 与信号传播有关的误差

2.3.2.1 电离层延迟

电离层位于对流层上方,在距离地面高度 60 km 以上 1 000 km 以下的大气层区域,信号在传播过程中穿过电离层导致信号到达地面的测站所用的时间与光速相乘所得到的距离并不是卫星到地面测站的真实距离,这种现象称为电离层延迟[7]。

在 GNSS 定位中,对电离层延迟的处理方法多种多样,可以通过不同类型的组合观测值消除或减弱它的影响,另外可以应用不同的数学模型解算电离层延迟。目前,解算电离层延迟的数学模型主要有理论模型和经验模型这两类,其中理论模型不但复杂而且精度不高,所以 GNSS 用户一般很少使用此类模型,而经验模型是人类在过去长时间的实验中总结出来的数学公式,一般情况下此类模型可以改正大部分的电离层延迟,在对定位精度要求不高的情况下可以用此类模型改正电离层延迟。现有的经验模型大致分为两类,第一类是根据过去长时间的观测数据总结出来的数学公式,能够大致反映电离层的平均变化趋势,如 Bent 模型、IRI 模型、Klobuchar 模型,因为电离层同时受到内部和外部诸多因素的影响,所以它的变化规律难以掌握,因此以上三种经验模型精度都不高。另外一类经验模型也是通过长时间的观测数据总结出来的数学模型,但是该类模型的特点是针对不同的时间段和不同的地区总结出来的电离层延迟解算模型,相较于第一类模型,这个模型不需要对电离层的变化规律了解很透彻就能够解算出高精度的电离层延迟误差。

在 GNSS 网络 RTK 定位中,利用双差观测值就可以消除大部分的电离层延迟误差,而双差电离层延迟残差对定位结果不产生影响,所以忽略不计,但是在本书研究的 GNSS 长距离网络 RTK 定位中,在对原始观测值作双差以后残余电离层延迟仍然能够影响模糊度的解算,因此本书采用综合误差处理方法进行误差解算,其中包含作双差以后残余的电离层延迟。

2.3.2.2 对流层延迟

对流层是位于距离地面高度小于 50 km 的未电离的大气层区域,GNSS 卫星所发射的信号在穿过高度 50 km 以下的对流层时所造成的误差称为对流层延迟。同电离层延迟一样,在 GNSS 定位中一般通过双差观测值来削弱对流层延迟的影响,另外,常用的对流层延迟的解算模型主要有 Hopfield 模型、Saastamoinen 模型和 blank 模型。因为目前应用最广泛的是 Saastamoinen 模型,所以此处主要介绍 Saastamoinen 模型的基本原理,而 Hopfield 模型和 blank 模型的基本原理详见参考文献[8]。

Saastamoinen 模型的基本公式如式(2-47)所示。

$$\Delta S = \frac{0.002\ 277}{\sin E}\left[P_s + \left(\frac{1\ 225}{T_s} + 0.05\right)e_s - \frac{B}{\tan^2 E}\right]W(\varphi H) + \delta R \qquad (2\text{-}47)$$

式中,$W(\varphi H) = 1 + 0.002\ 6\cos(2\varphi) + 0.000\ 28h$;$\varphi$ 为测站的纬度;h_s 为测站的高程;ΔS 为对流层延迟;E 为卫星高度角;P_s 为气压;T_s 为气温;e_s 为水汽压。

δR 和 B 可以由 E 和 h_s 求得。但是为了计算方便,将式(2-47)拆分简化,在不影响解算精度的情况下可以把式(2-47)写成式(2-48)的形式。

$$\begin{cases} \Delta S = \dfrac{0.002\ 277}{\sin E}\left[P_s + \left(\dfrac{1\ 225}{T_s}\right) + 0.05\right]e_s - \dfrac{B}{\tan^2 E'} \\ E' = E + \Delta E \\ \Delta E = \dfrac{16''}{T_s}\left(P_s + \dfrac{4\ 810}{T_s}e_s\right)\cot E \\ a = 1.16 - 0.15 \times 10^{-3}h + 0.716 \times 10^{-3}h^2 \end{cases} \qquad (2\text{-}48)$$

此外,还有一类算法就是首先解算天顶对流层延迟,然后选择一种映射函数模型与解算出来的天顶对流层延迟相乘来表示测站的对流层延迟,目前,常用的映射函数模型有 NMF 模型、VMF1 模型、GMF 模型、CFA2.2 模型、Chao 模型、Mtt 模型、Marini&Murray 模型等。考虑计算方便且精度高等因素,本书选择 CFA2.2 模型,因此这里重点介绍 CFA2.2 模型的基本原理,其余映射函数的基本原理详见相关参考文献。CFA2.2 模型的计算公式如式(2-49)所示。

$$m_d(E) = m_w(E) = \frac{1}{\sin E + \dfrac{A}{\tan E + \dfrac{B}{\sin E + C}}} \qquad (2\text{-}49)$$

式中系数 A,B,C 的具体数值如下：

$$A=0.001\ 185\times[1+6.071\times10^{-5}(P-1\ 000)-1.471\times10^{-4}e_s+3.072\times10^{-3}(T_K-20)]$$

$$B=0.001\ 144\times[1+1.164\times10^{-5}(P-1\ 000)-2.795\times10^{-4}e_s+3.109\times10^{-3}(T_K-20)]$$

$$C=-0.009$$

2.3.2.3　多路径效应

在接收机接收卫星信号的时候，接收机附近会存在大量的反射物，因此在信号从卫星传播给接收机的时候，有部分信号会通过反射物反射而进入接收机，这部分信号会对直接进入接收机的信号产生干扰，使观测值与真值存在差异，这种现象称为多路径效应，对应的误差称为多路径误差。

现阶段对多路径误差的处理方法有三种：(1) 选择合适的测站位置。测站位置应该尽量选择位置开阔、远离大面积平静的水面、草地和灌木等地面植被的地方，这样可最大限度地降低多路径效应的影响；(2) 采用高配置的接收机。要求接收机天线安装抑径装置，能够阻止反射信号进入接收机；(3) 适当延长观测时间。接收机所处的外部环境对多路径误差有很大影响，因此通过长时间的观测可以很好地降低多路径误差的影响。

2.3.3　与接收机有关的误差

2.3.3.1　接收机钟差

接收机钟差是指接收机钟的时间与 GNSS 标准时间存在差异，目前接收机上安装的大多数是石英钟，其精度较原子钟差很多，导致接收机钟差较卫星钟差大得多，所以在 GNSS 定位中，一般都将接收机钟差视为未知数，利用测码伪距观测值通过伪距单点定位来解算，但是此方法精度不高，一般可以达到 $0.2\ \mu s$ 左右，所以，在 GNSS 高精度定位中一般不使用此方法。

在 GNSS 网络 RTK 定位中，要求定位结果精度很高，所以一般通过观测值作差来消除接收机钟差，如式(2-8)和式(2-9)表示将原始观测方程在卫星间求一次差得到星间单差观测方程，在求得的单差观测方程中消除了接收机钟差。

2.3.3.2　接收机位置误差

测站的标石中心和接收机天线的相位中心存在偏差，即接收机位置误差。通常情况下，接收机的位置一般被认为是已知的，但实际上是存在误差的，该误差对定位结果可能造成数毫米至厘米的影响，所以在设计接收机天线的时候使天线的相位中心位置尽量准确。另外，在 GNSS 网络 RTK 定位中，一般也通过对观测值作差来削弱接收机的位置误差。

2.3.3.3　地球自转改正

在 GNSS 定位中，一般采用地固坐标表示卫星和接收机的位置，假定信号从卫星发出的时刻为 t_1，则求得的卫星坐标是卫星在 t_1 时刻地固坐标系中的位置，而当信号 t_2 时刻到达接收机的时候地固坐标系已经围绕地球自转轴旋转了一个角度，因此求得的卫星坐标和接收机坐标分别是 t_1 时刻和 t_2 时刻地固坐标系的矢量，由此产生的误差称为地球自转改正。

假设测站的坐标为 (X_A,Y_A,Z_A)，卫星的坐标为 (X^p,Y^p,Z^p)，$\bar\omega$ 为地球自转角速度，则

由地球自转改正引起的距离误差计算公式如式(2-50)所示。

$$\Delta D_{\bar{\omega}} = \frac{\bar{\omega}}{c}\left[Y^p(X_A - X^p) - X^p(Y^p - Y_A)\right]$$ (2-50)

星坐标的改正公式如式(2-51)所示。

$$\begin{bmatrix} X^{p'} \\ Y^{p'} \\ Z^{p'} \end{bmatrix} = \begin{bmatrix} \cos\alpha & \sin\alpha & 0 \\ -\sin\alpha & \cos\alpha & 0 \\ 0 & 0 & 1 \end{bmatrix} \cdot \begin{bmatrix} X_A \\ Y_A \\ Z_A \end{bmatrix}$$ (2-51)

式中,$(X^{p'}, Y^{p'}, Z^{p'})$ 为经过地球自转改正以后的坐标;t 为卫星信号传播时间;α 为地球在时间 t 内转过的角度,$\alpha = \bar{\omega}t$。

2.4　GNSS长距离网络RTK基准站整周模糊度解算

基准站模糊度的解算是网络RTK定位首先要解决的问题,在准确解算模糊度整数解以后才能得到高精度的基准站和流动站的观测值误差改正,最后才能正确解算流动站模糊度的整数解。网络RTK基准站间的距离一般为几十千米,通过双差观测值即可消除或削弱各类误差对定位结果的影响,因此在解算网络RTK基准站模糊度时直接应用双差观测值即可正确解算模糊度的整数解,而本章研究的GNSS长距离网络RTK基准站间距一般为100~150 km,采用简单的双差观测值进行基准站整周模糊度解算时所有的误差随着距离的增加相关性均降低,在定位中不能忽略不计,因此需要研究新的数学模型来解算长距离网络RTK基准站的模糊度。

2.4.1　网络RTK基准站整周模糊度解算

2.4.1.1　三步法解算基准站整周模糊度

三步法解算模糊度是由唐卫明首次提出的,该算法先解算双差宽巷模糊度,再解算双差窄巷模糊度,最后解算双差载波模糊度,具体过程如下。

(1) 解算双差宽巷模糊度

第一步是根据MW组合观测值估计双差宽巷模糊度的浮点解,双差MW组合观测值如式(2-52)所示。

$$\Delta\nabla L_6 = \frac{f_1\Delta\nabla P_1 + f_1\Delta\nabla P_1}{f_1 + f_2} - \frac{c\Delta\nabla\varphi_2/f_1 - c\Delta\nabla\varphi_2/f_2}{f_1 - f_2}$$ (2-52)

则双差宽巷模糊度的浮点解如式(2-53)所示。

$$\Delta\nabla N_W = \frac{(f_1 - f_2)\Delta\nabla L_6}{c}$$ (2-53)

双差MW组合观测值消除了除测量噪声以外的所有误差的影响。可以采用对多个历元观测值求平均值的方法来削弱测量噪声的影响。

式(2-52)可以分成两个部分,如式(2-54)所示。

$$\begin{cases} \Delta\nabla L_{WL} = \dfrac{c\Delta\nabla\varphi_1/f_1 - c\Delta\nabla\varphi_2/f_2}{f_1 - f_2} \\ \Delta\nabla p_6 = \dfrac{f_1\Delta\nabla p_1 + f_2\Delta\nabla p_2}{f_1 + f_2} \end{cases}$$ (2-54)

另外,伪距和载波的双差无电离层组合观测值如式(2-55)所示。

$$\begin{cases} \Delta\nabla\varphi_3 = \Delta\nabla\varphi_1 - \dfrac{f_1}{f_2}\Delta\nabla\varphi_2 \\ \Delta\nabla p_3 = \dfrac{f_1^2\Delta\nabla p_1 - f_2^2\Delta\nabla p_2}{f_1^2 - f_2^2} \end{cases} \tag{2-55}$$

由式(2-55)可得载波相位无电离层组合观测值的模糊度:

$$\Delta\nabla N_3 = \Delta\nabla p_3/\lambda_3 - \Delta\nabla\varphi_3 \tag{2-56}$$

式中,λ_3 为无电离层组合观测值的波长。则 $\Delta\nabla p_3$,$\Delta\nabla p_6$ 可用式(2-57)表示。

$$\begin{cases} \Delta\nabla p_3 \approx 2.545\,7\Delta\nabla p_1 - 1.545\,7\Delta\nabla p_2 \\ \Delta\nabla p_6 \approx 0.562\,0\Delta\nabla p_1 + 0.438\,0\Delta\nabla p_2 \end{cases} \tag{2-57}$$

若 $\Delta\nabla p_1$ 与 $\Delta\nabla p_2$ 的噪声都用 σ_p 表示,会得到式(2-58),式中 MW 组合观测值伪距平均值 $\Delta\nabla p_6$ 的噪声是无电离层组合 $\Delta\nabla p_3$ 噪声的 1/4 倍。

$$\begin{cases} \sigma_{p3} \approx 2.978\sigma_p \\ \sigma_{p6} \approx 0.713\sigma_p \end{cases} \tag{2-58}$$

双差载波无电离层组合观测方程为:

$$\lambda_3\Delta\nabla\varphi_3 = \Delta\nabla\rho - \lambda_3\Delta\nabla N_3 + \Delta\nabla o + \Delta\nabla\text{Trop} \tag{2-59}$$

在解算基准站模糊度的时候,如果卫星轨道用的是精密预报轨道,那么即使是在基准站间的距离达到 150 km 的时候,卫星轨道误差造成的定位误差也仅约为 5 mm,对定位结果不构成影响。所以可以将式(2-59)写成式(2-60)的形式。

$$\Delta\nabla N_3 = (\Delta\nabla\rho + \Delta\nabla\text{Trop})/\lambda_3 - \Delta\nabla\varphi_3 \tag{2-60}$$

假设由式(2-56)求得的无电离层组合模糊度为 $\Delta\nabla N_3^0$,与式(2-77)求出的无电离层组合模糊度求差可得式(2-61)。

$$d_{\boldsymbol{S}N3} = |\Delta\nabla N_3 - \Delta\nabla N_3^0| \tag{2-61}$$

在式(2-61)中,$d_{\boldsymbol{S}N3}$ 可以同时描述 $\Delta\nabla p_3$ 和 $\Delta\nabla p_6$ 的噪声,而且可以对前面解算出来的双差宽巷模糊度的浮点解的精度进行评估,在此基础上给出双差宽巷模糊度整数解的备选值空间。然后为了检验双差宽巷模糊度的正确性,需要通过几何距离反算双差宽巷模糊度。实际上,模糊度不能正确解算主要是受到测量噪声 $\Delta\nabla\varepsilon_{\varphi\text{WL}}$ 和其他各类误差的残差 δ 的影响。如式(2-62)所示。

$$|\delta + \Delta\nabla\varepsilon_{\varphi\text{WL}}' + \Delta\nabla I_{\text{WL}}| < \lambda_{\text{WL}}/2 \approx 0.43 \text{ m} \tag{2-62}$$

式中,双差电离层延迟 $\Delta\nabla I_{\text{WL}}$ 为主要影响因素,假设:

$$\delta + \Delta\nabla\varepsilon_{\varphi\text{WL}}' + \Delta\nabla I_{\text{WL}} \approx \Delta\nabla I_{\text{WL}} \tag{2-63}$$

则双差宽巷整周模糊度可直接由式(2-64)求出:

$$\Delta\nabla N_{\text{WL}} = \text{Round}[(\Delta\nabla\rho + \Delta\nabla\text{Trop})/\lambda_{\text{WL}} - \Delta\nabla\varphi_{\text{WL}}] \tag{2-64}$$

其中 Round 为取整函数。当基准站间距离达到 100 km 以上时,需要对式(2-62)进行重新定义,写成式(2-65)的形式,即扩大备选模糊度的搜索范围再继续搜索模糊度的整数解。

$$|\delta + \Delta\nabla\varepsilon_{\varphi\text{WL}}' + \Delta\nabla I_{\text{WL}}| < 3\lambda_{\text{WL}}/2 \approx 1.23 \text{ m} \tag{2-65}$$

(2)解算双差窄巷模糊度

若双差宽巷模糊度的整数解得到固定,那么对应的电离层延迟可以写成式(2-66)的形式。

$$\Delta\nabla I_{WL} = (\Delta\nabla\varphi_{WL} + \Delta\nabla N_{WL})\lambda_{WL} - \Delta\nabla\rho - \Delta\nabla Trop - \delta - \Delta\nabla\varepsilon_{\varphi WL} \tag{2-66}$$

根据式(2-66)可以求得双差电离层延迟,同时根据窄巷电离层延迟和宽巷电离层延迟的和为 0 的特点利用式(2-67)可以求得双差窄巷模糊度。

$$\Delta\nabla N_{NL} = Round[(\Delta\nabla\rho + \Delta\nabla Trop + \Delta\nabla I_{WL})/\lambda_{NL} - \Delta\nabla\varphi_{NL}] \tag{2-67}$$

式中,$\Delta\nabla N_{NL}$ 为双差窄巷整周模糊度。

双差宽巷整周模糊度与双差窄巷整周模糊度具有相同的奇偶性,假设由式(2-67)计算得到的双差窄巷整周模糊度为 $\Delta\nabla N_{NL}^0$,如果 $\Delta\nabla N_{NL}^0$ 与 $\Delta\nabla N_{WL}$ 奇偶性不相同,则把求得的 $\Delta\nabla N_{NL}^0$ 左右变化一周,即

$$\Delta\nabla N_{NL} = \Delta\nabla N_{NL}^0 \pm 1 \tag{2-68}$$

(3)解算双差载波模糊度

L1 和 L2 双差载波整周模糊度可由式(2-69)求得:

$$\begin{cases} \Delta\nabla N_i = (\Delta\nabla N_{WL} + \Delta\nabla N_{NL})/2 \\ \Delta\nabla N_2 = \Delta\nabla N_1 - \Delta\nabla N_{WL} \end{cases} \tag{2-69}$$

2.4.1.2 基准站整周模糊度动态解算

周乐韬研究了基准站模糊度的动态解算,该算法首先解算宽巷模糊度,然后采用卡尔曼滤波动态解算 L1 载波模糊度,因为该算法在解算模糊度过程中用到伪距观测值,受到多路径误差影响较大,需要根据其周期性削弱其影响,最后对载波模糊度采用降相关算法搜索解算模糊度的整数解[9],具体过程如下。

(1)解算双差宽巷整周模糊度

首先利用双差载波相位观测方程和双差 C/A 码伪距观测方程建立双差宽巷整周模糊度解算方程:

$$\Delta\nabla N_W = \frac{(1-K)(\Delta\nabla R + \Delta\nabla T) + K\Delta\nabla\rho}{\lambda_W} - \Delta\nabla\varphi_W - \frac{K\Delta\nabla M}{\lambda_W} - \frac{K\Delta\nabla N_\varepsilon}{\lambda_W} \tag{2-70}$$

式中,$\Delta\nabla$ 为双差算子;N_W 为宽巷模糊度;$K = f_1^2/f_2^2$;R 为卫星到测站的几何距离;T 为对流层延迟;ρ 为码伪距;M 为多路径效应;φ_W 为宽巷载波观测值;λ_W 为宽巷载波波长;ε 为 C/A 码噪声。

因为基准站的坐标视为已知值,所以式(2-70)中卫星到测站的几何距离 $\Delta\nabla R$ 可以精确求得,而对流层延迟可以按式(2-71)求得。

$$T = ZTD \cdot M(\theta) \tag{2-71}$$

式中,ZTD 为测站天顶方向对流层延迟;$M()$ 为对流层延迟映射函数;θ 为卫星高度角。

在基线长度为 80 km 左右的时候,卫星到测站的几何距离 $\Delta\nabla R$ 以及对流层延迟 $\Delta\nabla T$ 对解算宽巷模糊度的影响很小,不用考虑,但是测量噪声和多路径误差会使模糊度的解算结果不准确。考虑到基准站的位置不变,而 GNSS 卫星运行具有周期性的特点,利用前一个太阳日多路径效应来改正当天的观测数据,这样能够显著减小多路径效应的影响,而测量噪声利用多个历元求平均值的方法即可削弱,因为宽巷整周模糊度独立性较强,因此需要对每颗卫星的模糊度进行独立搜索。宽巷载波整周模糊度的搜索空间可以按式(2-72)确定。

$$S = \frac{N_{\mathrm{W}} - N_{\mathrm{W'}}}{\left(\dfrac{p_{N_{\mathrm{W}}}}{n}\right)^{1/2}} < t_{\frac{\alpha_{\mathrm{W}}}{2}}(n-1) = N_{\mathrm{W}} - \left(\frac{p_{N_{\mathrm{W}}}}{n}\right)^{1/2} t_{\frac{\alpha_{\mathrm{W}}}{2}}(n-1) < N_{\mathrm{W}} < N_{\mathrm{W}} + \left(\frac{p_{N_{\mathrm{W}}}}{n}\right)^{1/2} t_{\frac{\alpha_{\mathrm{W}}}{2}}(n-1)$$

$$(2\text{-}72)$$

式中，N_{W} 为宽巷模糊度浮点解；$N_{\mathrm{W'}}$ 为宽巷模糊度整数解；$t_{\frac{\alpha_{\mathrm{W}}}{2}}(n-1)$ 为自由度为 $n-1$ 的 T 分布的 $\alpha_{\mathrm{W}}/2$ 的分位数；α_{W} 为宽巷模糊度整数解在该搜索空间的置信水平；n 为历元数；$p_{N_{\mathrm{W}}}$ 为模糊度浮点解方差，其表达式如式(2-73)所示。

$$p_{N_{\mathrm{W}}} = \frac{1}{n-1} \sum_{i=1}^{n} (N_i - \overline{N}_{\mathrm{W}})^2 \qquad (2\text{-}73)$$

式中，N_i 为第 i 个历元的模糊度浮点解；$\overline{N}_{\mathrm{W}}$ 为 n 个历元宽巷模糊度浮点解的平均值，当模糊度备选值个数小于 5 的时候就可以开始对模糊度进行搜索固定。然后对每一个候选模糊度 N_K 均可求出一个方差和：$D_K = \sum_{i=1}^{n}(N_i - H_K)^2$，比较由候选模糊度确定的次小方差和 $D_{\sec}$ 与最小方差和 $D_{\min}$，若 $D_{\sec}/D_{\min} > \eta$，η 为给定的限值，则认为 $D_{\min}$ 对应的备选值为正确的宽巷模糊度整数解。

（2）解算双差载波相位整周模糊度

得到宽巷模糊度的固定解以后，双差载波相位整周模糊度和对流层延迟均可作为待估参数用式(2-74)表示。

$$\begin{bmatrix} \lambda_c \Delta\nabla\varphi_c^1 + 60\lambda_c\Delta\nabla N_c^1 - \Delta\nabla R^1 \\ \vdots \\ \lambda_c \Delta\nabla\varphi_c^m + 60\lambda_c\Delta\nabla N_c^m - \Delta\nabla R^m \end{bmatrix} = \begin{bmatrix} \Delta M(\theta_p^1) & -\Delta M(\theta_q^1) & -17\lambda_c & \cdots & 0 \\ \vdots & \vdots & \vdots & & \vdots \\ \Delta M(\theta_p^m) & -\Delta M(\theta_q^1) & 0 & \cdots & -17\lambda_c \end{bmatrix} \cdot \begin{bmatrix} ZTD_p \\ ZTD_q \\ \Delta\nabla N_1^1 \\ \vdots \\ \Delta\nabla N_1^m \end{bmatrix} + \Delta\nabla\varepsilon$$

$$(2\text{-}74)$$

式中，消电离层组合 $\varphi_c = 77\varphi_1 - 60\varphi_2$，$\lambda_c$ 是其对应的波长；$M()$ 为对流层映射函数；Δ 为单差算子，表示星间单差；p,q 为卫星号；ε 为未模型化的误差；$m+1$ 为观测到的卫星个数；n 为历元数。

通过对测站天顶方向对流层延迟湿分量的观测可以发现：天顶方向对流层延迟湿分量变化非常缓慢，因此可以将其作为未知参数通过卡尔曼滤波算法进行估计，其状态转移噪声方差为 $0.000\,1 \sim 0.000\,9 \ \mathrm{m^2/h}$，其初值可使用 Saastamoinen 模型或 Hopfield 模型得到。所以，该系统的卡尔曼滤波数学模型可以表示为：

$$\begin{cases} X_n = X_{n-1} + W_n & (W_n \sim N(0, \boldsymbol{U}_n)) \\ L_n = B_n + V_n & (V_n \sim N(0, \boldsymbol{Q}_n)) \end{cases} \qquad (2\text{-}75)$$

式中，$\boldsymbol{U}_n$ 为状态噪声方差阵；$\boldsymbol{Q}_n$ 为观测误差方差阵。

在进行卡尔曼滤波解算时，需要统计 $\boldsymbol{Q}_n$ 的先验信息，同时要依据信噪比和卫星高度角等信息建立随机模型。卡尔曼滤波方程的解为：

$$\begin{cases} P_{n,n-1} = P_{n-1,n-1} + U_{n,n-1} \\ J_n = P_{n,n-1} B_n^{\mathrm{T}} (B_n P_{n,n-1} B_n^{\mathrm{T}} + Q_{n-1})^{-1} \\ P_{n,n} = (\boldsymbol{E} - \boldsymbol{J}_n B_n) P_{n,n-1} \\ X_n = X_{n-1} + J_n (L_n - B_n X_{n-1}) \end{cases} \qquad (2\text{-}76)$$

式中，E 为单位矩阵；J_n 为增益矩阵；$P_{n,n}$ 为 X_n 的方差；$P_{n,n-1}$ 为 X_n 的预测方差。

随着卫星高度的变化，尤其是有新的卫星出现的时候，X_n 的维数也将发生变化，同时为了保证滤波的连续性，应实时更新 $P_{n,n}$，Q_n，U。

因为卫星高度角在短时间内变化不大，所以利用测站天顶对流层延迟和 L1 载波模糊度滤波解算模糊度是一个非常漫长的过程。为了提高模糊度的解算效率，可以使用搜索算法，然而，L1 模糊度备选组合非常多，若基准站间距较长、卫星数又多，那么它的计算过程相当复杂，利用相关搜索算法能够减小计算量，减少搜索时间，快速得到模糊度的整数解。

2.4.1.3 基准站整周模糊度单历元解算

祝会忠研究了长距离网络 RTK 基准站整周模糊度单历元解算模型[10-11]，首先采用 MW 组合观测值解算宽巷模糊度的浮点解，然后根据模糊度的约束关系确定载波宽巷模糊度的整数解。因为基准站间的距离较长，所以在解算载波模糊度之前，该模型运用了一种新的基准站卫星的选择方法，该方法选择基准卫星的原则是尽量减小对流层延迟对载波模糊度解算的影响。最后是载波模糊度的解算，通过约束关系确定载波模糊度搜索空间，然后应用模糊度搜索算法确定载波模糊度的整数解。具体过程如下。

（1）解算双差宽巷模糊度

利用式（2-77）解算双差宽巷电离层延迟，与频率无关的双差电离层延迟由式（2-95）解算得到。

$$\Delta\nabla I_{WAB}^{pq} = \Delta\nabla\rho_{AB}^{pq} - \frac{c}{f_W}\Delta\nabla N_{WAB}^{pq} - \frac{c}{f_W}\Delta\nabla\varphi_{AB}^{pq} + \Delta\nabla T_{WAB}^{pq} + \Delta\nabla\varepsilon_{WAB}^{pq} \tag{2-77}$$

$$\Delta\nabla I_{OAB}^{pq} = -f_1^3\Delta\nabla I_{WAB}^{pq}/f_2 \tag{2-78}$$

利用式（2-77）和式（2-78）解算模糊度备选值对应的双差电离层延迟，并根据模糊度的线性约束关系得到多个直线方程，那么宽巷模糊度的搜索就变成在很多个直线方程中寻找符合模糊度线性约束关系的直线方程，由于宽巷模糊度波长较长，所以模糊度的整数解较容易固定，最后还要对固定后的宽巷模糊度整数解进行验证，利用基准站组成的基线闭合的特点采用式（2-79）检验宽巷模糊度是否解算正确。

$$\Delta\nabla N_{WAB}^{pq} + \Delta\nabla N_{WBC}^{pq} + \Delta\nabla N_{WCA}^{pq} = 0 \tag{2-79}$$

（2）解算双差载波模糊度

在载波模糊度的解算过程中，首先进行基准卫星的选择，以往都是选择基准卫星。假设测站 A，B 的天顶对流层延迟真值分别为 ZTD_A，ZTD_B，而计算值为 ZTD'_A，ZTD'_B，投影函数为 $mf_A(p)$，$mf_A(q)$，$mf_B(p)$，$mf_B(q)$，则双差对流层延迟残差可用式（2-80）表示。

$$\Delta\nabla T_{\text{trop}} = [mf_A(p) - mf_A(q)](ZTD_A - ZTD'_A) - [mf_B(p) - mf_B(q)](ZTD_B - ZTD'_B)$$

$$\tag{2-80}$$

利用式（2-80）解算的双差对流层延迟残差和前面解算的双差宽巷模糊度确定载波模糊度的搜索空间，然后解算双差观测值的非弥散性误差，如式（2-81）和式（2-82）所示。

$$\Delta\nabla T_{AB}^{pq} = \frac{cf_2\Delta\nabla l}{f_2^2 - f_1^2} - \Delta\nabla\rho_{AB}^{pq} \tag{2-81}$$

$$\Delta\nabla l = \Delta\nabla N_{2AB}^{pq} - \frac{f_1}{f_2}\Delta\nabla N_{1AB}^{pq} + \Delta\nabla\varphi_{2AB}^{pq} - \frac{f_1}{f_2}\Delta\nabla\varphi_{1AB}^{pq} + \Delta\nabla\omega_{AB}^{pq} \tag{2-82}$$

将载波相位模糊度的备选值代入式（2-81）解算相应的 $\Delta\nabla T_{AB}^{pq}$，与通过模型解算的 $\Delta\nabla T'^{pq}_{AB}$ 相比得到残差 ξ，若满足式（2-83），则搜索得到的载波模糊度整数解即正确的载波模糊度。

$$\Delta\nabla T_{AB}^{pq} - \Delta\nabla T'^{pq}_{AB} = \xi \mid \xi \mid < \delta \tag{2-83}$$

2.4.2 长距离网络 RTK 基准站整周模糊度解算

2.4.2.1 双差宽巷整周模糊度解算

采用由载波相位观测值和 P 码伪距观测值组合成的 MW 组合观测值解算 GNSS 长距离网络 RTK 基准站双差宽巷整周模糊度，表达式为：

$$\Delta\nabla MW_{AB}^{pq} = \frac{f_1\Delta\nabla L_1 - f_2\Delta\nabla L_2}{f_1 - f_2} - \frac{f_1\Delta\nabla p_1 + f_2\Delta\nabla p_2}{f_1 + f_2} \tag{2-84}$$

$$\Delta\nabla N_{AB}^{pq} = \frac{(f_1 - f_2)\Delta\nabla MW_{AB}^{pq}}{c} \tag{2-85}$$

式中，f_1 为载波 f_2 的频率；$\Delta\nabla L_1$，$\Delta\nabla L_2$ 为以距离为单位的 L_1 和 L_2 双差观测值；$\Delta\nabla P_1$，$\Delta\nabla P_2$ 分别为伪距 p_1，p_2 双差观测值；$\Delta\nabla MW_{AB}^{pq}$ 为 MW 组合观测值；$\Delta\nabla N_{AB}^{pq}$ 为双差宽巷整周模糊度。MW 组合观测值消除了测量噪声以外的所有误差的影响，且与基准站间的距离无关。而测量噪声可以利用多个历元求平均值的方法来削弱。因为求得的双差宽巷模糊度浮点解与其最近整数之差的绝对值小于 0.25 周，所以对双差宽巷模糊度浮点解直接取整即可得到双差宽巷模糊度的整数解。

为了保证解算出来的双差宽巷模糊度整数解的正确性，需要对其进行验证。若满足下面两点则认为解算的模糊度整数解是正确的：一点是若双差宽巷模糊度平均值的中误差小于或等于 0.15；另外一点是因为基准站组成的三条基线形成一个闭合的三角形，所以基准站三条基线对应的双差宽巷模糊度整数解应该满足式（2-86）。当解算出来的双差宽巷模糊度整数解满足上述两点时即认为双差宽巷模糊度整数解解算正确。

$$\Delta\nabla N_{AB}^{pq} + \Delta\nabla N_{BC}^{pq} + \Delta\nabla N_{CA}^{pq} = 0 \tag{2-86}$$

2.4.2.2 误差处理

在双差宽巷模糊度整数解准确固定以后，为了保证双差载波相位模糊度整数解的准确固定，需要对各项误差进行处理。本书采用广播星历数据进行解算。对于 150 km 以下的基线而言，卫星轨道误差可以忽略不计，电离层延迟误差可以通过无电离层组合观测值消除，而基准站一般设在比较开阔的地方，在一定程度上削弱了多路径效应的影响，除对流层延迟以外的误差通过双差观测值处理以后的残差可以忽略不计，所以这里只需要着重处理对流层延迟残差。首先，采用 Saastamoinen 模型解算测站天顶方向对流层干延迟，公式为：

$$ZTD_{dry} = \frac{0.002\,277P}{f(B,H)} \tag{2-87}$$

式中，P 为基准站的大气压；B 为基准站的纬度；H 为基准站的高程；$f(B,H)$ 为与基准站大地坐标相关的函数，函数如式（2-88）所示。

$$f(B,H) = 1 - 0.002\,66\cos(2B) - 0.000\,28H \tag{2-88}$$

当基准站没有安装气象仪器时,气温和气压等气象参数可以通过公式拟合得到,如大气压、水汽压和绝对温度的拟合公式分别如式(2-89)、式(2-90)和式(2-91)所示。

$$P = P_0 \cdot \left(1 - \frac{0.006\,8}{T_0} \cdot h\right) \tag{2-89}$$

$$e = \begin{cases} e_0 \cdot \left(1 - \dfrac{0.006\,8}{T_0} \cdot h\right)^4 & (h < 11\,000) \\ 0 & (h \geqslant 1\,1000) \end{cases} \tag{2-90}$$

$$T = T_0 = 0.006\,8h \tag{2-91}$$

式中,h 为基准站的海拔高度;P_0 为标准大气压,$P_0 = 1\,013.25$ mbar;e_0 为标准水汽压,$e_0 = 1\,013.25$ mbar;T_0 为标准绝对温度,$T_0 = 288.15$ K。

然后选择 CFA2.2 映射函数作为解算对流层延迟的映射函数,如式(2-49)所示。

最后,根据式(2-92)解算干分量双差对流层延迟残差。

$$\Delta\nabla T^{pq}_{AB} = \left[m(E)^p_A - m(E)^q_A\right] \cdot \text{ZTD}_A - \left[m(E)^p_B - m(E)^q_B\right] \cdot \text{ZTD}_B \tag{2-92}$$

式中,$\Delta\nabla$ 为双差算子;T 为对流层延迟;A,B 为基准站;p,q 为卫星号;ZTD_A,ZTD_B 表示基准站 A,B 的天顶方向对流层延迟。

对于湿分量双差对流层延迟残差,本书将其作为待估参数,在解算载波模糊度浮点解的过程中,将其与载波模糊度一同作为未知参数,利用最小二乘法解算,然后将解算出来的湿分量对流层延迟残差同上面用模型解算出来的干分量对流层延迟残差相加作为总的对流层延迟残差。

2.4.2.3 双差载波相位整周模糊度解算

通过误差处理之后,基准站 A 和 B 对卫星 p 和 q 的双差载波相位观测方程如式(2-93)所示。

$$\begin{cases} \lambda_1 \Delta\nabla\varphi^{pq}_{1AB} = \Delta\nabla\rho^{pq}_{AB} - \lambda_1 \Delta\nabla N^{pq}_{1AB} - \Delta\nabla\dfrac{I^{pq}_{0AB}}{f_1^2} - \Delta\nabla T^{pq}_{AB} + \Delta\nabla\varepsilon^{pq}_{1AB} \\ \lambda_2 \Delta\nabla\varphi^{pq}_{2AB} = \Delta\nabla\rho^{pq}_{AB} - \lambda_2 \Delta\nabla N^{pq}_{2AB} - \Delta\nabla\dfrac{I^{pq}_{0AB}}{f_2^2} - \Delta\nabla T^{pq}_{AB} + \Delta\nabla\varepsilon^{pq}_{2AB} \end{cases} \tag{2-93}$$

式中,f_1 和 f_2 分别为载波 L1 和 L2 的频率;λ 为波长;$\Delta\nabla$ 为双差算子;ρ 为卫星到测站的距离;N 为载波相位整周模糊度;T 为对流层延迟;ε 为测量噪声。

由式(2-93)可以得到双差载波相位无电离层组合观测方程[式(2-94)]。

$$\lambda_{LC} \Delta\nabla\varphi_{LC} = \Delta\nabla\rho^{pq}_{AB} - \lambda_{LC} \Delta\nabla N_{LC} + \Delta\nabla T^{pq}_{AB} + \Delta\nabla\varepsilon_{LC} \tag{2-94}$$

式中,λ_{LC} 为无电离层组合波长,$\lambda_{LC} = c/(f_1 - f_2^2/f_1)$;$\varphi_{LC}$ 为双差载波无电离层组合观测值,$\Delta\nabla\varphi_{LC} = \Delta\nabla\varphi_1 = (f_2/f_1)\Delta\nabla\varphi_2$;$\Delta\nabla N_{LC}$ 为双差载波无电离层组合模糊度,$\Delta\nabla N_{LC} = \Delta\nabla N_1 - (f_2/f_1)\Delta\nabla N_2$;$\Delta\nabla\varepsilon_{LC}$ 为双差载波无电离层组合的噪声以及非色散性误差的残差。

双差宽巷整周模糊度、双差 L1 载波相位整周模糊度和双差载波相位无电离层组合整周模糊度满足式(2-95),再将式(2-94)代入式(2-95)可以得到解算 L1 载波模糊度的公式(2-96)。

$$\Delta\nabla N_{LC} = \Delta\nabla N^{pq}_{1AB} - \frac{f_2}{f_1}\Delta\nabla N^{pq}_{2AB} - \left(1 - \frac{f_2}{f_1}\right)\Delta\nabla N^{pq}_{1AB} + \frac{f_2}{f_1}\Delta\nabla N^{pq}_{AB} \tag{2-95}$$

$$\lambda_{\mathrm{LC}} \Delta\nabla\varphi_{\mathrm{LC}} = \Delta\nabla\rho_{AB}^{pq} - 17\lambda_{\mathrm{LC}}\Delta\nabla N_{1AB}^{pq} + 60\lambda_{\mathrm{LC}}\Delta\nabla N_{AB}^{pq} + \Delta\nabla T_{AB}^{pq} + \Delta\nabla\varepsilon_{\mathrm{LC}} \qquad (2\text{-}96)$$

因此,利用式(2-96)即可实现双差 L1 载波整周模糊度的解算,而双差 L2 载波整周模糊度可以由式(2-97)求得。

$$\Delta\nabla N_{2AB}^{pq} = \Delta\nabla N_{1AB}^{pq} - \Delta\nabla N_{AB}^{pq} \qquad (2\text{-}97)$$

同样为了保证解算出来的双差载波模糊度整数解的正确性,需要对其进行验证,因为基准站组成的 3 条基线形成一个闭合的三角形,所以基准站 3 条基线对应的载波模糊度整数解也应该满足式(2-98)和式(2-99),因此当解算出来的载波模糊度整数解满足这两个方程时即认为载波模糊度解算正确。

$$\Delta\nabla N_{1AB}^{pq} + \Delta\nabla N_{1BC}^{pq} + \Delta\nabla N_{1CA}^{pq} = 0 \qquad (2\text{-}98)$$

$$\Delta\nabla N_{2AB}^{pq} + \Delta\nabla N_{2BC}^{pq} + \Delta\nabla N_{2CA}^{pq} = 0 \qquad (2\text{-}99)$$

2.5　GNSS 长距离网络 RTK 区域误差改正

在 GNSS 长距离网络 RTK 定位中,基准站整周模糊度准确固定以后要进行基准站和流动站观测值的区域误差解算,如果能够解算出高精度的区域误差,则不仅能提高流动站观测值的精度,还可以提高模糊度的解算效率和流动站的定位精度。本节首先介绍几种常用的网络 RTK 区域误差处理方法,在此基础上提出了 GNSS 长距离网络 RTK 采用的区域误差处理方法。

2.5.1　网络 RTK 区域误差改正

2.5.1.1　虚拟参考站法

（1）虚拟参考站法的基本原理

HerbertLandau 提出了虚拟参考站概念,虚拟参考站系统主要包括 3 个部分:第一部分是控制中心,是系统的通信数据处理中心,是系统最核心的部分;第二部分是固定的参考站,可向控制中心实时传送数据;第三部分是用户的流动站,流动站将自己的初始坐标传送给控制中心,控制中心在接收到参考站和流动站的所有观测信息以后再将差分信号传送给流动站,保证流动站能够得到厘米级的定位结果[12]。

因为参考站的坐标一般认为是已知的,而流动站的初始坐标可以通过伪距观测值求得,所以虚拟参考站法的主要思想是利用参考站坐标和流动站初始坐标已知的特点在流动站附近形成一个虚拟的参考站,因为参考站和流动站的距离一般在 1 km 范围内,所以直接应用短基线数据处理模型即可获得流动站的高精度定位结果。

（2）虚拟参考站法的技术流程

根据上述虚拟参考站法的基本原理,虚拟参考站法的技术流程如下:将数据处理中心和若干参考站布设在一个区域内,让所有的参考站组成差分网络,然后把所有的参考站的差分信息传送给数据处理中心,可以将网内任意一个参考站设置成数据处理中心,通过 Internet 网络完成所有数据的传送。数据处理中心利用接收到的各个参考站的观测数据解算卫星轨道误差、电离层延迟、对流层延迟和多路径效应。

参考站坐标被认为是已知的,因此利用基线解算模型可以解算所有基线的载波整周模糊度。因为参考站上的载波相位观测值都是已知的,所以可以利用这些观测值反算参考站的所有误差。流动站的初始坐标可以由伪距单点定位解算,然后应用数学模型解算流动站的所有误差。

在流动站初始坐标处建立一个虚拟的参考站,因为流动站的初始坐标在一定范围内变化,所以虚拟参考站的位置也相应变化,与流动站形成一条短基线,最后利用短基线数据处理模型解算流动站的定位结果。

(3)虚拟参考站法的特点

虚拟参考站法与其他方法相比有其独特的优势,虽然它也采用差分的方法来进行数据处理,但是因为它是在流动站附近形成一个虚拟的参考站,这样可以在保证精度的前提下大幅度扩大其作业范围,当然,它也存在一定的缺陷,比如该方法只能采用误差模型来解算各类误差,这样解算出来的误差精度受外部因素的影响较大,一般只能改善观测值误差的80%左右,所以在误差处理这个方面,虚拟参考站法仍需改进。

2.5.1.2 区域误差改正参数法

区域误差改正参数法的主要过程分为四个步骤,第一,通过数据处理中心解算电离层延迟和几何信号的误差;第二,将第一步中解算的误差分成两类,一类为南北方向的区域误差,一类为东西方向的区域误差;第三,将这些区域误差传送给流动站;第四,流动站利用接收到的区域误差和初始坐标解算误差改正数。

区域误差改正参数法解算过程主要分为两个部分,首先是区域误差改正参数的拟合,然后是利用区域误差改正参数计算流动站用户观测值误差。测站与距离相关的误差可以用式(2-100)表示。

$$\begin{cases} \delta_{r0} = 6.37[N_0(\varphi - \varphi_R) + E_0(\lambda - \lambda_R)\cos\varphi_R] \\ \delta_{rI} = 6.37H[N_0(\varphi - \varphi_R) + E_0(\lambda - \lambda_R)\cos\varphi_R] \end{cases} \tag{2-100}$$

式中,N_0 为南北方向几何信号误差改正数;E_0 为东西方向几何信号误差改正数;N_1 为南北方向电离层延迟误差改正数;E_1 为东西方向电离层延迟误差改正数;φ_R,λ_R 为基准站在WGS-84坐标系下的坐标(弧度);δ_{r0} 为几何信号的距离相关误差,m;δ_{rI} 为电离层延迟距离相关误差,m。

式(2-100)中 H 的表达式如式(2-101)所示。

$$H = 1 + 16 \times (0.53 - E/\pi)^3 \tag{2-101}$$

式中,E 为卫星的高度角,rad。

L1 和 L2 载波相位观测值的信号距离相关误差如式(2-102)所示。

$$\begin{cases} \delta_{r1} = \delta_{r0} + (120/154)\delta_{rI} \\ \delta_{r2} = \delta_{r0} + (154/120)\delta_{rI} \end{cases} \tag{2-102}$$

2.5.1.3 改进的综合误差内插法

改进的综合误差内插法是对原算法的进一步研究、细化和改进。与综合误差内插法相比,改进的综合误差内插法研究了误差的色散效应和非色散效应,把误差分为三个部分:第一部分是利用数学模型解算出来的对流层延迟;第二部分是电离层的一阶项误差;第三部分包括卫星轨道误差、高阶电离层延迟、对流层延迟残差等。对流动站的误差进行解算时,首先利用误差模型直接解算对流层延迟,然后再解算电离层延迟的一阶项和其余误差。

如图 2-3 所示，A,B,C 为 3 个基准站，u 为流动站，则基线 AB 和基线 AC 的综合误差影响为：

$$\begin{cases} \Delta\nabla m_{AB}^{pq} = \lambda(\Delta\nabla\varphi_{AB}^{pq} + \Delta\nabla N_{AB}^{pq}) - \Delta\nabla\rho_{AB}^{pq} \\ \Delta\nabla m_{AC}^{pq} = \lambda(\Delta\nabla\varphi_{AC}^{pq} + \Delta\nabla N_{AC}^{pq}) - \Delta\nabla\rho_{AC}^{pq} \end{cases} \tag{2-103}$$

式中，$\Delta\nabla$ 为双差算子；m 为基准站综合误差；φ 为载波相位观测值；N 为整周模糊度；ρ 为卫星至测站的距离；p,q 为卫星号。

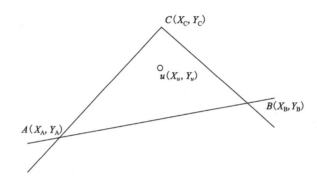

图 2-3　测站分布图

基准站的综合误差 $\Delta\nabla m$ 又可以写成式 (2-104) 的形式。

$$\Delta\nabla m = \Delta\nabla d_{\text{ion}} + \Delta\nabla d_{\text{trop}} + \delta \tag{2-104}$$

式中，$\Delta\nabla d_{\text{ion}}$ 为双差电离层延迟的一阶项；$\Delta\nabla d_{\text{trop}}$ 为通过数学模型解算出来的对流层延迟；δ 为其余所有误差的综合影响。把式 (2-104) 中的 $\Delta\nabla d_{\text{trop}}$ 移到等式左边可得：

$$\Delta\nabla m + \Delta\nabla d_{\text{trop}} = \Delta\nabla d_{\text{ion}} + \delta \tag{2-105}$$

式中，$\Delta\nabla d_{\text{ion}}$ 为双差电离层延迟，与信号传播频率相关，称为误差的色散部分；δ 为含有高阶电离层延迟的误差，一般数值较小，且与信号的传播频率无关，称为误差的非色散部分。

设 $\Delta\nabla m' = \Delta\nabla m - \Delta\nabla d_{\text{trop}} = \Delta\nabla d_{\text{ion}} + \delta$，则新的基准站综合误差的影响为：

$$\begin{cases} \Delta\nabla m'^{pq}_{AB} = \lambda(\Delta\nabla\varphi_{AB}^{ij} + \Delta\nabla N_{AB}^{ij}) - \Delta\nabla\rho_{AB}^{ij} - \Delta\nabla\varphi_{\text{trop }AB}^{ij} \\ \Delta\nabla m'^{pq}_{AC} = \lambda(\Delta\nabla\varphi_{AC}^{ij} + \Delta\nabla N_{AC}^{ij}) - \Delta\nabla\rho_{AC}^{ij} - \Delta\nabla\varphi_{\text{trop }AC}^{ij} \end{cases} \tag{2-106}$$

根据式 (2-107) 求出 L1 载波观测值的双差电离层延迟。

$$\Delta\nabla d_{\text{ion }Au}^{L1} = \begin{bmatrix} X_u - X_A & Y_u - Y_A \end{bmatrix} \cdot \begin{bmatrix} X_B - X_A & Y_B - Y_A \\ X_C - X_A & Y_C - Y_A \end{bmatrix} \cdot \begin{bmatrix} \Delta\nabla d_{\text{ion }AB} \\ \Delta\nabla d_{\text{ion }AC} \end{bmatrix} \tag{2-107}$$

对应的 L2 载波相位观测值和宽巷观测值的双差电离层延迟为：

$$\begin{cases} \Delta\nabla d_{\text{ion }Au}^{L1} = \dfrac{f_1^2}{f_2^2}\Delta\nabla d_{\text{ion }Au}^{L2} \\ \Delta\nabla d_{\text{ion }Au}^{WL} = \dfrac{f_1}{f_2}\Delta\nabla d_{\text{ion }Au}^{L1} \end{cases} \tag{2-108}$$

式中，f_1,f_2 分别为载波 L1 和 L2 的频率。除双差电离层延迟一阶项外其余误差的综合影响可以用式 (2-109) 表示。

$$\Delta\nabla\delta_{AB} = \begin{bmatrix} X_u - X_A & Y_u - Y_A \end{bmatrix} \cdot \begin{bmatrix} X_B - X_A & Y_B - Y_A \\ X_C - X_A & Y_C - Y_A \end{bmatrix}^{-1} \cdot \begin{bmatrix} \Delta\nabla\delta_{AB} \\ \Delta\nabla\delta_{AC} \end{bmatrix} \tag{2-109}$$

则流动站频率 L1 和 L2 以及宽巷观测值的误差改正数如式 (2-110) 所示。

$$\begin{cases} \Delta\nabla m_{Au}^{L1} = \Delta\nabla d_{\text{ion }Au}^{L1} + \Delta\nabla\delta_{Au} \\ \Delta\nabla m_{Au}^{L2} = \Delta\nabla d_{\text{ion }Au}^{L2} + \Delta\nabla\delta_{Au} \\ \Delta\nabla m_{Au}^{WL} = \Delta\nabla d_{\text{ion }Au}^{WL} + \Delta\nabla\delta_{Au} \end{cases} \tag{2-110}$$

2.5.2 长距离网络RTK区域误差改正

由于改进的综合误差内插法需要内插计算双差电离层延迟误差以及其他误差改正模型的残余误差项,算法较综合误差内插法复杂且精度提高有限,相对综合误差内插法来说,该方法对流动站用户载波相位整周模糊度解算的速度和可靠性提高幅度都不是很大。因此本书采用综合误差内插法进行流动站用户载波相位观测值误差的改正。

长距离网络RTK的综合误差内插法在基准站网计算误差改正信息时,不区分电离层延返误差、对流层延迟误差等误差,也不将各基准站所得到的误差改正信息都发送给用户,而是由数据处理中心集中所有基准站观测数据,选择、计算和播发流动站用户的综合误差改正信息。

因此,对于卫星p,q和测站A,B,双差综合误差为:

$$\Delta\nabla m_{AB}^{pq} = \Delta\nabla d_{\text{trop }AB}^{pq} + \Delta\nabla d_{\text{ion }AB}^{pq} + \Delta\nabla O_{AB}^{pq} + \Delta\nabla\delta_{AB}^{pq} + \Delta\nabla\varepsilon_{AB}^{pq} \tag{2-111}$$

式中,$\Delta\nabla$为双差算子;d_{trop}为对流层延迟;d_{ion}为电离层延迟;δ为多路径效应误差影响;O为卫星轨道误差;ε为观测噪声的影响。

如图2-3所示,A,B,C为3个基准站,u为流动站,则基准站A,B的双差载波相位观测方程为:

$$\lambda\Delta\nabla\varphi_{AB}^{pq} = \Delta\nabla\rho_{AB}^{pq} - \lambda\Delta\nabla N_{AB}^{pq} + \Delta\nabla m_{AB}^{pq} \tag{2-112}$$

在基准站模糊度的整数解准确固定以后,由式(2-112)可以导出解算基准站A,B综合误差的公式。

$$\Delta\nabla m_{AB}^{pq} = \lambda\Delta\nabla\varphi_{AB}^{pq} - \Delta\nabla\rho_{AB}^{pq} + \lambda\Delta\nabla N_{AB}^{pq} \tag{2-113}$$

则流动站的综合误差解算公式为:

$$\nabla m_{Au}^{pq} = \begin{bmatrix} X_u - X_A & Y_u - Y_A \end{bmatrix} \cdot \begin{bmatrix} X_B - X_A & Y_B - Y_A \\ X_C - X_A & Y_C - Y_A \end{bmatrix}^{-1} \cdot \begin{bmatrix} \Delta\nabla m_{AB}^{pq} \\ \Delta\nabla m_{AC}^{pq} \end{bmatrix} \tag{2-114}$$

式中,(X_A,Y_A),(X_B,Y_B),(X_C,Y_C),(X_u,Y_u)分别为基准站A,B,C和流动站u的坐标。

当利用4个基准站进行区域误差改正时,这种立体区域的误差改正为三维情况,如图2-4所示。

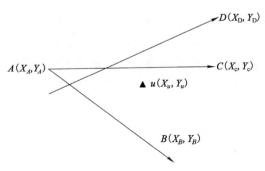

图2-4 综合误差内插立体式测站分布

利用不在同一平面的测站 A、测站 B、测站 C 和测站 D 4 个参考站,能够得到立体空间 $ABCD$ 内流动站 u 处的综合误差改正数。利用式(2-94)可以得到基准站的整周模糊度,然后分别计算基准站间的综合误差改正数,再根据流动站用户的位置计算该点的观测值误差改正数,如式(2-115)所示。

$$\nabla m_{Au}^{pq} = \begin{bmatrix} X_u - X_A & Y_u - Y_A & Z_u - Z_A \end{bmatrix} \cdot \begin{bmatrix} X_B - X_A & Y_B - Y_A & Z_B - Z_A \\ X_C - X_A & Y_C - Y_A & Z_B - Z_A \\ X_D - X_A & Y_D - Y_A & Z_D - Z_A \end{bmatrix}^{-1} \cdot \begin{bmatrix} \Delta\nabla m_{Au}^{pq} \\ \Delta\nabla m_{Au}^{pq} \\ \Delta\nabla m_{Au}^{pq} \end{bmatrix}$$

$$(2\text{-}115)$$

式中,(X_A, Y_A),(X_B, Y_B),(X_C, Y_C),(X_D, Y_D),(X_u, Y_u) 分别为基准站 A, B, C, D 和流动站 u 在平面坐标系中的坐标。

2.6 GNSS 长距离网络 RTK 流动站整周模糊度解算

流动站整周模糊度解算是本章继基准站整周模糊度解算和区域误差处理之后需要解决的又一核心问题。在长距离网络 RTK 定位中,流动站整周模糊度的准确固定是流动站能否得到厘米级定位结果的关键。本节首先介绍几种常用的流动站整周模糊度的解算方法,并对这几种算法进行了深入研究和学习,在此基础上提出了适用于 GNSS 长距离网络 RTK 流动站整周模糊度的解算方法。

2.6.1 网络 RTK 流动站整周模糊度解算

2.6.1.1 FARA 算法

FARA 算法是由 E. Frei 和 G. Beutler 提出的,该算法主要分四步解算模糊度:第一步是计算载波模糊度的浮点解;第二步是根据解算出来的浮点解和置信区间确定模糊度的备选组合;第三步是搜索模糊度的整数解;第四步是对解算出来的模糊度整数解进行检验,以保证解算模糊度的正确性。具体解算过程如下。

(1)计算载波模糊度浮点解

根据载波相位观测值并通过平差解算双差载波模糊度的浮点解,然后计算未知参数的协因数阵、验后单位权方差、未知参数的方差协方差矩阵以及模糊度的标准差。

(2)筛选模糊度

根据模糊度浮点解的置信区间确定模糊度的搜索范围,所以模糊度备选组合的搜索空间直接受浮点解精度的影响。假设 σ_N 表示模糊度 N 的标准差,则模糊度的搜索范围为 $\pm k\sigma_N$,其中 k 由 t 分布导出。另外,利用模糊度的相关性进一步缩小模糊度的搜索范围。令双差模糊度为 N_i, N_j,二者差值 $N_{ij} = N_i - N_j$,则其标准差为:

$$\sigma_{N_{ij}} = \sqrt{\sigma_{N_i}^2 - 2\sigma_{N_i N_j} + \sigma_{N_j}^2}$$

$$(2\text{-}116)$$

式中,$\sigma_{N_{ij}}^2$,$\sigma_{N_i N_j}$,$\sigma_{N_j}^2$ 均包含于参数的方差协方差矩阵中,模糊度差值 N_{ij} 的搜索范围为 $k_{ij} \cdot \sigma_{Nij}$。

(3)解算模糊度固定解

根据第二步中的搜索空间搜索确定模糊度的固定解,对于被接受的模糊度组,使用固定的模糊度组应用最小二乘法进行平差计算,同时计算经过平差的验后方差因子。至此,模糊度的解算工作完成,但是为了保证得到的模糊度组是正确的,需要对其进行验证。所以需要进行下面第四步的统计检验。

(4) 统计检验

为了检验通过上面三个步骤得到的模糊度组的正确性,利用 χ^2 分布检验模糊度浮点解和基线分量的相容性。如果 χ^2 分布的检验结果表明模糊度的备选组能够相容,则所确定的模糊度备选组为正确的模糊度,否则重新解算模糊度。

2.6.1.2　模糊度协方差法

模糊度协方差法是指某一类整周模糊度解算方法的总称,该算法的原理是利用平差处理伪距和载波观测值得到模糊度的协方差矩阵,然后解算模糊度的浮点解,利用残差平方和最小的原则对确定的模糊度搜索空间进行搜索。设历元 k 的双差载波相位观测方程如式(2-117)所示。

$$Y_k = A_k X_k + B_k N + \varepsilon_k \quad (N \in \dot{Z}^n, X_k \in R_m) \tag{2-117}$$

式中,Y_k 为由第 k 个历元的双差载波观测值和计算值向量相减得到的值;X_k 为流动站天线位置在第 k 个历元改正数向量;N 为双差模糊度向量;A_k,B_k 分别为 X_k,N 的系数矩阵;ε_k 为测量噪声;R_m,Z^n 分别为 m 维实数空间和 n 维整数空间。

式(2-117)的最小二乘估计准则如式(2-118)所示。

$$\psi_k = (Y_k - A_k \hat{X}_k - B_k \hat{N})^T Q_{yy}^{-1} (Y_k - A_k \hat{X}_k - B_k \hat{N}) = \min \tag{2-118}$$

式中,$\hat{X}_k$ 为 X_k 的实数估计值;$\hat{N}$ 为载波相位双差整周模糊度 N 的实数估计值;Q_{yy} 为观测向量 Y_k 的协方差矩阵。

因为式(2-117)对待解算的模糊度有约束限制,不能通过普通的最小二乘算法求解,需要对模糊度的候选组合值进行搜索来确定模糊度的准确值。式(2-117)可以表达成式(2-119)和式(2-120)的形式。

$$Y_k = A_k X_k + B_k N + \varepsilon_k \tag{2-119}$$

$$N = \hat{N} \tag{2-120}$$

这是一个带有约束条件的随机模型。在式(2-119)和式(2-120)中,首先将待解算的模糊度看作实数参数,求其浮点解,然后利用最小化准则确定模糊度的整数解。当采用约束条件式(2-120)求解式(2-119)时,最小化准则如式(2-121)所示。

$$\psi_k = (Y_k - A_k \widetilde{X}_k - B_k \widetilde{N})^T Q_{yy}^{-1} (Y_k - A_k \widetilde{X}_k - B_k \widetilde{N}) + (\widetilde{N} - \hat{N})^T Q_{\widetilde{N}\widetilde{N}}^{-1} (\widetilde{N} - \hat{N}) = \min$$

$$\tag{2-121}$$

式中,$\widetilde{N}$ 为式(2-119)对模糊度参数 N 的实数估值;$Q_{\widetilde{N}\widetilde{N}}^{-1}$ 为 $\widetilde{N}$ 的协方差矩阵。

式(2-121)为最小化法则,式(2-118)为最小二乘准则,二者所达到的实际效果是相同的,根据式(2-121)可以将混合整数最小化问题分为以下两步。

第一步:利用无约束最小二乘平差对式(2-119)进行处理,得到式(2-122)的形式。

$$\psi_k' = (Y_k - A_k \widetilde{X}_k - B_k \widetilde{N})^T Q_{yy}^{-1} (Y_k - A_k \widetilde{X}_k - B_k \widetilde{N}) = \min \tag{2-122}$$

式中,$X \in R^n$;$N \in R^n$。

第二步:在解算出模糊度的浮点解之后应用整数最小化解算模糊度的整数解,如式(2-123)所示。

$$\psi''_k = (\widetilde{N} - \hat{N})^{\mathrm{T}} Q_{\widetilde{N}\widetilde{N}}^{-1} (\widetilde{N} - \hat{N}) = \min \tag{2-123}$$

式中, $\widetilde{X} \in R^n$; $\hat{N} \in R^n$; $\psi_k = \psi'_k + \psi''_k$。

因为式(2-123)中 $\hat{N}$ 为整数,所以这里仍需通过搜索完成整数解的解算。

在上面的论述中,模糊度 $\widetilde{N}$ 和协方差矩阵 $Q_{\widetilde{N}\widetilde{N}}$ 的估计都是通过单历元的观测数据得到的,但是单历元的观测方程是秩亏的,未知参数不仅包括模糊度参数,还包括流动站的位置参数,因此需要多个历元的观测数据进行模糊度的解算,模型如式(2-124)和式(2-125)所示。

$$Y_i = A_i X_i + B_i N_i + \varepsilon_i \quad (i = 1, 2, 3, \cdots, k) \tag{2-124}$$

$$N = \hat{N} \tag{2-125}$$

式中, $Y_i \in R^n$; $N_i \in R^n$。

同样,模糊度整数解的求解过程也分为两步进行。

第一步:利用最小二乘准则解算模糊度浮点解 N 和未知参数 X。

$$\psi_{k/k} = \sum_{i=1}^{k} \left[(Y_k - A_k \widetilde{X}_k - B_k \widetilde{N})^{\mathrm{T}} Q_{yy}^{-1} (Y_k - A_k \widetilde{X}_k - B_k \widetilde{N}) \right] = \min \tag{2-126}$$

式中, $N \in R^n$; $Y_i \in R_m$。

第二步:根据第一步中求得的模糊度浮点解 N 和式(2-127)的约束准则确定模糊度的整数解。

$$\psi''_{kk} = (\widetilde{N} - \hat{N})^{\mathrm{T}} Q_{\widetilde{N}\widetilde{N}}^{-1} (\widetilde{N} - \hat{N}) = \min \tag{2-127}$$

式中, $\hat{N} \in Z^n$。

与式(2-123)相比,式(2-127)中的模糊度浮点解 $\widetilde{N}$ 和协方差矩阵 Q_{NN}^{-1} 是利用所有历元的观测数据求得的,而式(2-125)是利用单历元的观测数据求得的,其残差的平方和为:

$$\psi_{k/k} = \psi'_{k/k} + \psi''_{k/k} \tag{2-128}$$

模糊度协方差法求解模糊度的整数解的核心思想是使式(2-123)和式(2-127)最小化,基于整数最小二乘理论的模糊度协方差法被认为是该类算法中效率最高的。

2.6.1.3 最小二乘模糊度搜索算法

该算法由 Hatch 提出。其主要原理是将可观测到的卫星分成两组,第一组包含 4 颗卫星,具有良好的 PDOP 值,根据这 4 颗卫星确定可能的模糊度组,考虑第二组卫星的信息,去掉其中不正确的解算结果,然后在剩余的结果中利用残差平方和评估模糊度的解算质量和精度[13]。具体过程如下。

第一步:解算初始坐标并确定整周模糊度的搜索范围。

首先利用伪距观测值计算测站的概略坐标,然后以伪距观测值的精度建立一个搜索空间,利用空间内的 8 个顶点和载波观测值计算模糊度的浮点解,最终确定模糊度的最大整数解 $N_{\max}^i$ 和最小整数解 $N_{\min}^i$,则在搜索范围内模糊度备选组合总数如式(2-129)所示。

$$K = \prod_{i=1}^{3} (N_{\max}^i - N_{\max}^i + 1) \tag{2-129}$$

第二步:最小二乘搜索。

搜索步骤主要分为 4 步,具体过程如下:从确定的模糊度搜索范围内选择一组备选模糊度,利用相应的 3 个双差载波相位观测值解算任意动态点位的三维坐标。利用解算出的动态点位的三维坐标解算其他双差载波相位模糊度的整数解。利用以上两步得到的双差载波相位模糊度整数解采用最小二乘法再次解算该历元其他点位的坐标和对应的残差向量 $\mathbf{V}$。而方差因子 σ_0^2 可由式(2-130)解算得到。

$$\sigma_0^2 = \frac{\mathbf{V}^{\mathrm{T}} \mathbf{Q}^{-1} \mathbf{V}}{n - u} \tag{2-130}$$

式中,$\mathbf{Q}$ 为双差载波观测值的协因数矩阵;n 为双差载波观测值的数量;u 为待求参数的数量。

若 σ_0^2 在一个给定的限值之内,将对应的模糊度和 σ_0^2 保存;如果不在限值之内,就将模糊度和 σ_0^2 都去掉。在完成一组模糊度的检测之后,回到步骤一继续检测其他模糊度组合。

第三步:解算模糊度整数解。

在完成第一步和第二步之后,一般会得到几组模糊度整数解,需要对模糊度对应的 σ_0^2 值进行 ratio 值检验,ratio 值计算公式如式(2-131)所示。但是这里存在一个特殊情况,就是经过第一步和第二步之后仅得到一组模糊度整数解,那么它就是正确的模糊度。

$$\mathrm{ratio} = \frac{(\mathbf{V}^{\mathrm{T}} \mathbf{Q}^{-1} \mathbf{V})_{\mathrm{sec}}}{(\mathbf{V}^{\mathrm{T}} \mathbf{Q}^{-1} \mathbf{V})_{\mathrm{min}}} = \frac{(\sigma_0^2)_{\mathrm{sec}}}{(\sigma_0^2)_{\mathrm{min}}} \tag{2-131}$$

这里为 ratio 值规定一个限值,一般取 3,若 ratio 值大于 3,则认为确定的模糊度整数解是正确的。

与其他算法相比,最小二乘模糊度搜索算法减少了搜索时间,提高了搜索效率,在一定程度上缩短了流动站用户的初始化时间,然而该算法也并非完美,仍有以下几个不足之处:(1) 得到模糊度浮点解之后存在确定模糊度备选值的问题;(2) 当某颗卫星在某一段时间内出现周跳时,该算法无法探测和修复;(3) 由于卫星高度角的变化导致视野内的卫星数量发生变化,此时该算法需要重新固定模糊度的整数解。这些不足给模糊度的解算带来很多不便,所以需要进一步完善该算法。

2.6.1.4 LAMBDA 算法

LAMBDA 算法是荷兰 Delft 大学的 Teunissen 教授提出的,LAMBDA 算法利用整数 Z 变换在很大程度上削弱了模糊度的相关性,实现了模糊度整数解的备选空间较原来大幅度缩小,提高了模糊度的搜索效率,所以在众多模糊度搜索算法中 LAMBDA 算法是应用最普遍的一种[13]。LAMBDA 算法的搜索过程主要分 4 步进行,具体步骤如下。

(1) 进行常规平差解算模糊度的浮点解和测站的位置参数。

根据 2.2.3 节的介绍,式(2-33)为线性化的双差载波相位观测方程,可以将式(2-33)概括为式(2-132)的形式。

$$\mathbf{y} = \mathbf{A}\boldsymbol{\delta X} + \mathbf{B}\Delta\nabla N + \varepsilon \tag{2-132}$$

式中,$\mathbf{y}$ 为 GNSS 观测向量;$\boldsymbol{\delta X}$ 为待求的基线矢量;$\mathbf{A}$ 为基线矢量的系数矩阵;$\Delta\nabla N$ 为双差整周模糊度;$\mathbf{B}$ 为双差整周模糊度的系数矩阵;ε 为观测误差。

首先,在忽略模糊度整数约束的条件下,由式(2-132)解算出满足式(2-134)最小二乘准则的基线矢量 $\widehat{\boldsymbol{\delta X}}$、模糊度浮点解 $\widehat{\Delta\nabla N}$ 以及相应的协方差矩阵 $\mathbf{Q}$。

$$Q = \begin{bmatrix} Q_{\delta\hat{X}\,\delta\hat{X}} & Q_{\delta\hat{X}\,\triangle\hat{\nabla}N} \\ Q_{\triangle\hat{\nabla}N\delta\hat{X}} & Q_{\triangle\hat{\nabla}N\triangle\hat{\nabla}N} \end{bmatrix} \tag{2-133}$$

$$\min_{\delta\hat{X}\,\triangle\hat{\nabla}N} \| y - A\delta\hat{X} - B\triangle\hat{\nabla}N - \varepsilon \| \tag{2-134}$$

然后，利用协方差矩阵 Q 和模糊度浮点解 $\triangle\hat{\nabla}N$ 构造目标函数 $f(N)$，如式（2-135）所示，然后搜索模糊度的备选值，当目标函数 $f(N)$ 达到最小的时候，其对应的模糊度即正确解。

$$f(N) = \min(\triangle\hat{\nabla}N - \triangle\nabla N)^\mathrm{T} Q^{-1}(\triangle\hat{\nabla}N - \triangle\nabla N) \tag{2-135}$$

（2）采用整数 Z 变换，对模糊度的搜索空间重新参数化。

若以步骤（1）中确定的目标函数 $f(N)$ 为搜索空间，如果历元数比较少，在确定模糊度整数解的时候，模糊度之间的强相关性导致模糊度整数解不能准确固定。所以在确定了搜索空间的基础上，利用 Z 变换使模糊度之间的相关性很大程度上得到降低，很好地解决了模糊度的搜索困难问题[14]。假设经过 Z 变换之后模糊度矩阵可以表示为 z，对应的协方差阵为 $Q_{\hat{z}}$，对原始模糊度进行如下转换：

$$\begin{cases} z = Z^\mathrm{T} N \\ \hat{z} = Z^\mathrm{T} \hat{N} \\ Q_{\hat{z}} = Z^\mathrm{T} Q_{\hat{N}\hat{N}} Z \end{cases} \tag{2-136}$$

在式（2-136）中，利用误差传播率得到协因数矩阵，但是这里并不是所有的矩阵都可以作为转换矩阵，必须保证所用的转换矩阵使模糊度保持整数特性，所以需要用下面 5 个条件来约束转换矩阵 Z：

① Z 的所有元素都是整数。

② Z 可逆，且 Z 的逆矩阵所有元素也都是整数。

③ 在转换过程中，要保证模糊度的方差乘积尽量减小。

④ $\mathrm{Det}(Z) = \pm 1$。

⑤ 转换矩阵 Z 和矩阵 $Z-1$ 的所有元素都必须为整数。

转换后的目标函数为：

$$f(z) = \min(\hat{z} - z)^\mathrm{T} Q_{\hat{z}\hat{z}}^{-1}(\hat{z} - z) \tag{2-137}$$

在求解 Z 矩阵的过程中，迭代法和联合去相关法最常用，两种算法的具体过程如下。

① 迭代法

因为 $Q_{\hat{z}}$ 具有对称性和正定性，所以迭代法首先把 $Q_{\hat{z}}$ 分解成 LDL^T 和 UDU^T，由于 Z 矩阵满足上面的 5 个条件，所以对 U 和 L 进行整数约束后得到 Z 矩阵的计算过程如下。

首先令 $Q' = Q_{\hat{z}}$，然后对 Q' 进行 LDL^T 分解，再将 L 矩阵取整求逆后代入式（2-138）。

$$Q_{\hat{z}} = L^{-1} Q' L^{-\mathrm{T}} \tag{2-138}$$

将上面求得的 $Q_{\hat{z}}$ 分解为 UDU^T，再对矩阵 U 做如下变换：$U = [\mathrm{int}(U)]^{-1}$，然后利用式（2-139）求解矩阵 Q'。

$$Q' = U^{-1} Q_{\hat{z}} L^{-\mathrm{T}} \tag{2-139}$$

重复进行上面的 LDL^T 分解和 UDU^T 分解，直到某一次分解的 L 和 U 均为单位矩阵。假设共进行了 n 次分解，则转换矩阵 Z 可以表示为：

$$Z = L_n^{-1} U_n^{-1} L_{n-1}^{-1} U_{n-1}^{-1} \cdots L_1^{-1} U_1^{-1} \tag{2-140}$$

② 联合去相关法

假设有：$U = HL$，L 是由多个初等变换矩阵相乘得到的，H 为单位下三角矩阵，且有以下约束条件：

① $UQ_{\hat{z}} U^T$，D 是对角矩阵。

② D 条件数小于 $Q_{\hat{z}}$ 条件数。

③ H 矩阵的上三角和下三角区域有非零整数存在。

那么式(2-141)就是去相关变换公式。

$$Q_{\hat{u}} = UQ_{\hat{z}} U^T \tag{2-141}$$

式中，U 为联合去相关矩阵；Q_u 为参数协方差矩阵。

因此，联合去相关算法在模糊度去相关处理中的具体步骤如下。

a. 解算对换矩阵 L

找到矩阵 $Q_{\hat{z}}$ 对角线上最小的元素 q_1，用初等变换矩阵 L_1 和 K_1 将元素转换到矩阵的最左上角的位置，因此可以得到：

$$Q_1 = K_1(L_1 Q_0 L_1^T) K_1^T = K_1 L_1 Q_0 K_1 L_1^T = \begin{bmatrix} q_1 & 0 \\ 0 & X_1 \end{bmatrix} \tag{2-142}$$

则矩阵 Q_2 可以由式(2-143)得到。

$$Q_2 = (K_2 L_2) Q_1 (K_2 L_2) = \begin{bmatrix} q_1 & & \\ & q_2 & \\ & & X_2 \end{bmatrix} \tag{2-143}$$

在 $n-1$ 次运算之后有：

$$Q_{n-1} = (K_{n-1} L_{n-1}) Q_{n-2} (K_{n-1} L_{n-1})^T = KQ_0 K^{-T} = \mathrm{diag}(q_1, q_2, \cdots, q_n) \tag{2-144}$$

式中，$K = K_{n-1} L_{n-1} K_{n-2} L_{n-2} K_1 L_1$，取出 $n-1$ 个对换矩阵 L_1，设 L 为总对换矩阵，则有：$L = L_{n-1} L_{n-2} L_1$，于是对 $Q_{\hat{z}}$ 进行调整，如式(2-145)所示。

$$Q'_{\hat{z}} = LQ_{\hat{z}} L^T \tag{2-145}$$

b. 求解单位下三角矩阵 H

首先对式(2-146)进行矩阵变换：

$$Q''_{\hat{z}} = H_1 Q'_{\hat{z}} H_1^T \tag{2-146}$$

经过 $n-1$ 次变换后可得：

$$Q_{n-1} = H_{n-1} Q_{n-2} H_{n-1}^T = HQ'_{\hat{z}} H^T = \mathrm{diag}(q_1, q_2, \cdots, q_n) \tag{2-147}$$

矩阵 Q_{n-1} 是除对角线以外所有元素都是 0 的矩阵，式中，$H = H_{n-1} H_{n-2} \cdots H_1$，即所求单位下三角矩阵。

c. 求联合去相关矩阵 U

令 $U = HL$，则有 $UQ'_{\hat{z}} U^T = \mathrm{diag}(q_1, q_2, \cdots, q_n)$，再对 U 进行取整，即 $[U] = [HL] = [H]L$，则有：

$$Q_1 = [U] Q'_{\hat{z}} [U^T] \tag{2-148}$$

令 $Q_1 = Q'_{\hat{z}}$，循环执行 a～c 的操作，$[U]$ 变为单位矩阵时结束，若共转换了 n 次，那么矩阵 Z 可以用式(2-149)表示。

$$Z = [U_n][U_{n-1}] \cdots [U_1] \tag{2-149}$$

（3）搜索确定整周模糊度

通过整数 Z 变换之后，得到的矩阵 $Q_{\hat{z}}$ 相关性明显降低，这样使模糊度的搜索空间和标准的球体类似。由式（2-137）可以得到模糊度搜索范围为：

$$f(z) = (\hat{z} - z)^\mathrm{T} Q_{\hat{z}\hat{z}}^{-1} (\hat{z} - z) \leqslant \chi^2 \tag{2-150}$$

式中，χ^2 为搜索范围，由于经过变换后的 $Q_{\hat{z}}$ 没有失去它的正定性，所以对 $Q_{\hat{z}}$ 进行 LD 分解。

$$\begin{cases} \boldsymbol{Q}_{\hat{z}} = \boldsymbol{L}\boldsymbol{D}\boldsymbol{L}^\mathrm{T} \\ \boldsymbol{Q}_{\hat{z}}^{-1} = \boldsymbol{L}^{-\mathrm{T}}\boldsymbol{D}\boldsymbol{L}^{-1} \end{cases} \tag{2-151}$$

式中，$\boldsymbol{D}$ 为对角矩阵。

设 $\boldsymbol{D} = \mathrm{diag}(d_1, d_2, \cdots, d_n)$，则有：

$$f(z) = [\boldsymbol{L}^{-1}(\hat{z} - z)]^\mathrm{T} \mathrm{diag}\left(\frac{1}{d_1}, \frac{1}{d_2}, \cdots, \frac{1}{d_n}\right)[\boldsymbol{L}^{-1}(\hat{z} - z)] \leqslant \chi^2 \tag{2-152}$$

展开成式（2-153）的形式。

$$\sum_{i=1}^{n} \frac{\left[(\hat{z}_i - z_i) + \sum_{j=i+1}^{n} l_{ji}(\hat{z}_j - z_j)\right]^2}{d_i} \leqslant \chi^2 \tag{2-153}$$

LAMBDA 算法一般从第 n 个模糊度开始搜索，此时式（2-153）可以表示成式（2-154）。

$$(\hat{z}_i - z_i)^2 \leqslant \chi^2 d_n \tag{2-154}$$

进一步变换为式（2-155）。

$$\hat{z}_n - \chi\sqrt{d_n} \leqslant z_n \leqslant \hat{z}_n + \chi\sqrt{d_n} \tag{2-155}$$

假设第 n 个到第 $i+1$ 个模糊度已经确定，则计算第 i 个模糊度的约束条件如式（2-156）所示。

$$\left[(\hat{z}_i - z) + \sum_{j=i+1}^{n} l_{ij}(\hat{z}_j - z_j)\right]^2 \leqslant \chi^2 d_i - d_i \cdot \sum_{l=i+1}^{n} \frac{\left[(\hat{z}_l - z_l) + \sum_{k=l+1}^{n} l_{kl}(\hat{z}_k - z_k)\right]^2}{d_{li}} \tag{2-156}$$

假设：

$$N_i = \chi^2 d_i - d_i \cdot \sum_{l=i+1}^{n} \frac{\left[(\hat{z}_l - z_l) + \sum_{k=l+1}^{n} l_{kl}(\hat{z}_k - z_k)\right]^2}{d_{li}} \tag{2-157}$$

则第 i 个模糊度边界可以表示成式（2-158）的形式。

$$\hat{z}_i + \sum_{j=i+1}^{n} l_{ji}(\hat{z}_j - z_j) - \sqrt{N_i} \leqslant z_i \leqslant \hat{z}_i + \sum_{j=i+1}^{n} l_{ji}(\hat{z}_j - z_j) + \sqrt{N_i} \tag{2-158}$$

所以可以确定第一个模糊度边界约束条件如式（2-159）所示。

$$\hat{z}_l + \sum_{j=2}^{n} l_{2l}(\hat{z}_2 - z_2) - \sqrt{N_i} \leqslant z_l \leqslant \hat{z}_l + \sum_{j=2}^{n} l_{2l}(\hat{z}_2 - z_2) + \sqrt{N_i} \tag{2-159}$$

模糊度搜索区域为 n 维椭球体，其形状由协方差矩阵 $Q_{\hat{z}}$ 控制，而搜索空间由 χ^2 控制，保证搜索空间既包含整周模糊度最优解，又不能使搜索空间过大，经过降相关处理后将得到的一组模糊度整数解 $\hat{z}$，代入式（2-137）来确定 χ^2。

$$\chi^2 = f(z) = \sum_{i=1}^{n} \frac{\left[(\hat{z}_l - z_l) + \sum_{j=i+1}^{n} l_{ji}(\hat{z}_j - z_j)\right]^2}{d_i} \qquad (2\text{-}160)$$

（4）整周模糊度的检验

在得到模糊度的整数解以后需要检验其正确性，目前，根据 ratio 值的大小检验模糊度整数解的正确性是最常用和最有效的方法。首先对 ratio 值规定一个限值 3，若满足式（2-161），则认为求得的模糊度整数解即正确的模糊度，然后利用解算出来的模糊度整数解可以解算流动站的坐标参数。

$$\frac{\sigma_{0\text{sec}}}{\sigma_{0\text{min}}} > 3 \qquad (2\text{-}161)$$

2.6.2 长距离网络 RTK 流动站整周模糊度解算

在研究已有的模糊度搜索算法以后，提出了本书研究的长距离网络 RTK 流动站模糊度解算方法，即首先利用最小二乘算法估计双差宽巷模糊度的浮点解，然后利用 LAMBDA 算法确定双差宽巷模糊度的整数解，再继续采用最小二乘算法估计双差 L1 载波模糊度的浮点解，最后采用改进的 LAMBDA 算法确定双差 L1 载波模糊度的整数解。具体过程如下。

2.6.2.1 双差宽巷整周模糊度解算

双差宽巷误差方程如式（2-162）所示。

$$V_w = \boldsymbol{H}\delta X - \lambda_w \Delta\nabla N_w - L_w \qquad (2\text{-}162)$$

式中，$\Delta\nabla$ 为双差算子；V_w 为双差宽巷观测方程误差；$\boldsymbol{H}$ 为由所有观测到的卫星的 3 个坐标的方向余弦组成的系数矩阵；δX 为测站坐标 3 个方向的未知参数的改正数；λ_w 为宽巷载波相位波长；$\Delta\nabla N_w$ 为双差宽巷模糊度的整数解；L_w 为双差宽巷载波相位观测值与卫星到测站的几何距离以及综合误差改正数之差。

式（2-162）写成矩阵的形式如式（2-163）所示。

$$\boldsymbol{V}_w = \begin{bmatrix} \boldsymbol{H} & -\lambda_w \end{bmatrix} \cdot \begin{bmatrix} \delta X \\ \Delta\nabla N_w \end{bmatrix} - L_w \qquad (2\text{-}163)$$

对于式（2-163），采用最小二乘算法解算未知参数 δX 和 $\Delta\nabla N_w$，即

$$\boldsymbol{Y} = \boldsymbol{N}^{-1}\boldsymbol{M} \qquad (2\text{-}164)$$

式中，

$$\begin{cases} \boldsymbol{Y} = \begin{bmatrix} \delta X \\ \Delta\nabla N_w \end{bmatrix} \\ \boldsymbol{N} = \begin{bmatrix} H & -\lambda_w \end{bmatrix}^{\mathrm{T}} \boldsymbol{p} \begin{bmatrix} H & -\lambda_w \end{bmatrix} \\ \boldsymbol{U} = \begin{bmatrix} H & -\lambda_w \end{bmatrix}^{\mathrm{T}} L_w \end{cases} \qquad (2\text{-}165)$$

式中，$\boldsymbol{p}$ 为单位矩阵。

由式（2-164）可以得到双差宽巷模糊度浮点解，下一步是搜索模糊度的整数解，这里采用 LAMBDA 算法搜索双差宽巷模糊度的整数解[15]，但是搜索出来的整数解并非只有 1 组，因此需要对所有的整数解进行检验来确定一组最优的整数解，这里采用 ratio 值来检验。设解算出来的双差宽巷模糊度整数解为 $\Delta\nabla N'_w$，将 $\Delta\nabla N'_w$ 代入式（2-162）得：

$$V_w = H\delta X - (\lambda_w \Delta\nabla N'_w + L_w) \tag{2-164}$$

式(2-164)中,未知参数只有流动站的坐标改正 δX,因此对式(2-164)再次采用最小二乘算法解算出流动站的坐标改正 δX。

$$\delta X = (H^{\mathrm{T}}PH)^{-1}[H^{\mathrm{T}}P(\lambda_w \Delta\nabla N'_w + L_w)] \tag{2-165}$$

当双差宽巷模糊度的整数解和流动站坐标都解算出来以后,残差向量 $\boldsymbol{V}_w$ 通过式(2-164)和式(2-165)也可以求得,那么双差宽巷整周模糊度组对应的残差平方和可以通过式(2-166)求得。

$$\sigma_0^2 = \frac{\boldsymbol{V}_w^{\mathrm{T}}\boldsymbol{Q}_w^{-4}\boldsymbol{V}_w}{n-3} \tag{2-166}$$

式中,n 为双差宽巷观测值的个数;3 表示流动站坐标的未知参数;Q_w 为双差宽巷观测值的协因数阵。

对求得的多个 σ_0^2 值进行 ratio 值检验,若满足式(2-167),则认为 $\sigma_{0\min}^2$ 所对应的模糊度组合为双差宽巷整周模糊度的最优解。

$$\mathrm{ratio} = \frac{\sigma_{0\sec}^2}{\sigma_{0\min}^2} > 3 \tag{2-167}$$

2.6.2.2 双差载波整周模糊度解算

在得到双差宽巷模糊度的整数解以后,下一步就是双差 L1 载波模糊度的解算,双差 L1 载波误差方程如式(2-168)所示。

$$\boldsymbol{V}_{\mathrm{L1}} = \boldsymbol{H}\boldsymbol{\delta X} - \lambda_1 \Delta\nabla N_1 - \boldsymbol{L}_1 \tag{2-168}$$

在 2.6.2.1 节中已经初步求得流动站的坐标改正量 $\boldsymbol{\delta X}$,因此,将式(2-168)写成矩阵的形式,如式(2-169)所示。

$$\boldsymbol{V}_{\mathrm{L1}} = -\lambda_1 \Delta\nabla N_1 - (\boldsymbol{L}_1 - \boldsymbol{H}\boldsymbol{\delta X}) \tag{2-169}$$

对式(2-169)采用最小二乘算法解算双差 L1 载波模糊度的浮点解 $\Delta\nabla N'_{\mathrm{L1}}$。

$$\Delta\nabla N'_{\mathrm{L1}} = \left[(-\boldsymbol{\lambda}_1^{\mathrm{T}})\boldsymbol{P}(-\lambda_1)\right]^{-1}\left[(-\boldsymbol{\lambda}_1^{\mathrm{T}})\boldsymbol{P}(\boldsymbol{L}_1 - \boldsymbol{H}\boldsymbol{\delta X})\right] \tag{2-170}$$

此时,得到的双差 L1 载波模糊度浮点解的精度较高,一般与正确的整数解的偏差在半周以内,所以一般都是通过直接取整的方法固定载波模糊度的整数解,但是本书研究的是长距离的网络 RTK,所以为了能更加准确地固定载波模糊度的整数解,采用 TIKHONOV 正则化改进的 LAMBDA 算法搜索固定载波模糊度的整数解[16]。该算法的主要过程如下。

首先将式(2-168)写成矩阵的形式,如式(2-171)所示。

$$\boldsymbol{V}_{\mathrm{L1}} = \boldsymbol{C} \cdot \begin{bmatrix} \delta X \\ \Delta\nabla N_1 \end{bmatrix} - \boldsymbol{L}_1 \tag{2-171}$$

然后对未知参数的系数矩阵 $\boldsymbol{C}$ 进行如式(2-172)所示分解。

$$\underset{n\times(n+3)}{\boldsymbol{C}} = \underset{n\times(n+3)}{\boldsymbol{U}}\ \underset{(n+3)\times(n+3)}{\boldsymbol{D}}\ \underset{(n+3)\times(n+3)}{\boldsymbol{V}} \tag{2-172}$$

再对式(2-172)中的矩阵 $\boldsymbol{D}$ 和 $\boldsymbol{V}$ 进行如下分解:

$$\underset{(n+3)\times(n+3)}{\boldsymbol{D}} = \begin{bmatrix} \underset{n\times n}{\boldsymbol{D}_1} & 0 \\ 0 & \underset{3\times 3}{\boldsymbol{D}_2} \end{bmatrix} \tag{2-173}$$

$$\underset{(\nu+3)\times(n+3)}{\boldsymbol{V}} = \begin{bmatrix} \underset{3\times 3}{\boldsymbol{V}_{11}} & \underset{3\times n}{\boldsymbol{V}_{12}} \\ \underset{n\times 3}{\boldsymbol{V}_{21}} & \underset{n\times n}{\boldsymbol{V}_{22}} \end{bmatrix} \tag{2-174}$$

接下来计算 M 矩阵,如式(2-175)所示。

$$\underset{3\times(n+3)}{M} = \underset{3\times3}{D_2}\begin{bmatrix}\underset{3\times3}{V_{11}^{\mathrm{T}}} & \underset{3\times n}{0}\end{bmatrix} \tag{2-175}$$

最后构造 R 矩阵:

$$R = M^{\mathrm{T}}M \tag{2-176}$$

由式(2-176)可以验证 R 矩阵是一个除左上角 3 行 3 列 9 个元素以外其余元素都是 0 的矩阵,将 R 矩阵和式(2-171)结合并运用最小二乘法解算未知参数,如式(2-177)所示。

$$\begin{bmatrix}\boldsymbol{\delta X}\\ \Delta\nabla N\end{bmatrix} = (C^{\mathrm{T}}PC + R)^{-1}(C^{\mathrm{T}}PL_1) \tag{2-177}$$

通过式(2-177)求得模糊度的高精度浮点解,然后再利用 LAMBDA 算法搜索模糊度的整数解,这里同样得到多组双差 L1 载波模糊度的整数解。为了确定最终的正确的双差 L1 载波模糊度的整数解,仍然采用 ratio 值检验双差 L1 载波模糊度的整数解。双差 L1 载波模糊度整数解对应的残差平方和可以通过式(2-178)求得。

$$\sigma_{\mathrm{L}10}^2 = \frac{V_{\mathrm{L}1}^{\mathrm{T}}V_w^{-1}V_w}{n-3} \tag{2-178}$$

对求得的多个 $\sigma_{\mathrm{L}10}$ 值进行 ratio 值检验,如果满足式(2-179),则认为 $\sigma_{\mathrm{L}10min}^2$ 所对应的模糊度整数解为双差 L1 载波模糊度的最优整数解。

$$\mathrm{ratio} = \frac{\sigma_{\mathrm{L}10sec}^2}{\sigma_{\mathrm{L}10min}^2} > 3 \tag{2-179}$$

得到双差 L1 载波相位整周模糊度最优解以后,将双差 L1 载波相位整周模糊度最优解代入式(2-177)求解流动站的坐标改正得到最终的高精度定位结果。

2.7　算法实验与结果分析

对上面提出的 GNSS 长距离网络 RTK 基准站整周模糊度解算方法、GNSS 长距离网络 RTK 区域误差处理方法和 GNSS 长距离网络 RTK 流动站整周模糊度解算方法进行了实验验证。采用江苏省的 CORS 站观测数据,卫星的截止高度角设为 15°,数据的采样间隔为 15 s,3 个基准站和流动站的分布如图 2-5 所示,图中 base1、base2、base3 分别表示 3 个基准站,receive 表示流动站。由图 2-5 可以看出:基准站 base1 和基准站 base2 之间的距离最短为 95 km,基准站 base1 和基准站 base3 之间的距离最长为 128 km,基准站 base3 和基准站 base1 之间的距离为 111 km。

针对本章前面提出的 GNSS 长距离网络 RTK 的定位算法,利用 C++编程语言自编软件对算法进行验证,算法实验主要包括:GNSS 长距离网络 RTK 基准站整周模糊度的快速解算、GNSS 长距离网络 RTK 基准站综合误差的计算、GNSS 长距离网络 RTK 流动站综合误差的内插计算、GNSS 长距离网络 RTK 流动站整周模糊度的快速解算、GNSS 长距离网络 RTK 流动站实时高精度定位的实验。数据处理的具体流程如图 2-6 所示。

2.7.1　长距离网络 RTK 基准站整周模糊度解算实验

在 GNSS 长距离网络 RTK 定位中,首先要解决的问题是基准站整周模糊度的快速解算。因为宽巷模糊度波长较长,容易固定,所以在长距离网络 RTK 定位中首先解算基准站

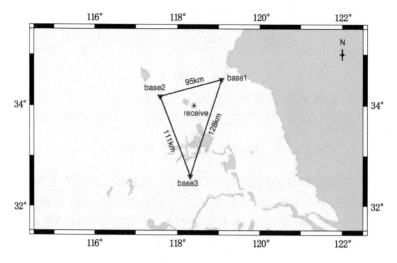

图 2-5 测站分布图

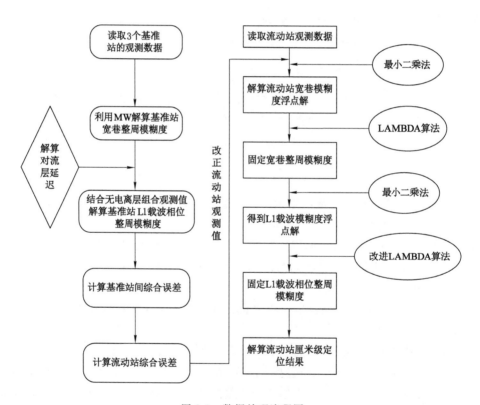

图 2-6 数据处理流程图

之间的双差宽巷整周模糊度,即根据 2.4.2.1 节中的式(2-84)和式(2-85)解算基准站之间双差宽巷整周模糊度的浮点解。由于 MW 组合观测值不受电离层延迟、对流层延迟、接收机钟差、测站间距离等因素的影响,只受观测噪声的影响,而基准站一般设在位置开阔的地方,观测噪声相对较小,所以通过 MW 组合观测方程解算出来的基准站双差宽巷整周模糊度浮点解与正确的整数解的偏差在 0.25 周之内,所以对双差宽巷整周模糊度的浮点解直接取整得到整数解。在解算过程中,选择视场中高度角最高的 16 号卫星作为基准卫星,以 3 号卫星和 6 号卫星为例给出基准站双差宽巷整周模糊度的解算结果,图 2-7 至图 2-9 表示 3 号卫星的基准站双差宽巷模糊度的解算结果,图 2-10 至图 2-12 表示 6 号卫星的基准站双差宽巷整周模糊度的解算结果。

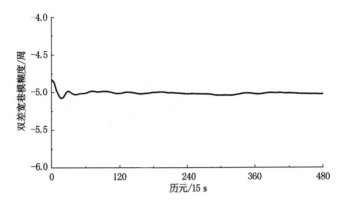

图 2-7　base1-base2 双差宽巷模糊度(PRN03)

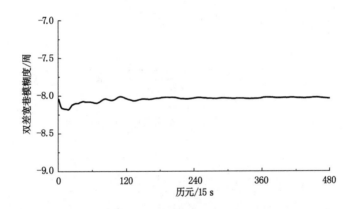

图 2-8　base2-base3 双差宽巷模糊度(PRN03)

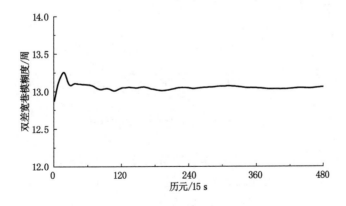

图 2-9　base3-base1 双差宽巷模糊度(PRN03)

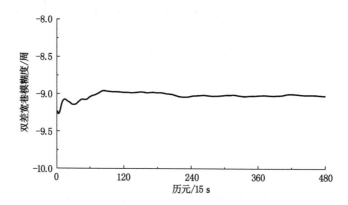

图 2-10　base1-base2 双差宽巷模糊度(PRN06)

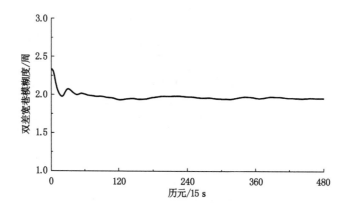

图 2-11　base2-base3 双差宽巷模糊度(PRN06)

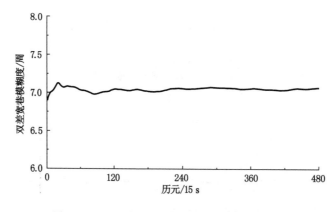

图 2-12　base3-base1 双差宽巷模糊度(PRN06)

　　由图 2-7 至图 2-9 可以看出:3 号卫星基准站之间 3 条基线的双差宽巷整周模糊度分别收敛于－8、－5 和 13,3 个模糊度之和为 0,满足 2.4.2.1 节中用来检验解算出来的基准站双差宽巷整周模糊度的公式(2-86)。由图 2-10 至图 2-12 可以看出:6 号卫星基准站间 3 条基线的双差宽巷整周模糊度分别收敛于－9、2 和 7,3 个模糊度之和也为 0,同样满足

2.4.2.1节中用来检验解算出来的双差宽巷整周模糊度的公式(2-86)。这保证了基准站之间双差宽巷整周模糊度的正确固定,同时证明了本书提出的GNSS长距离网络RTK基准站双差宽巷整周模糊度算法的有效性和正确性。

在正确固定基准站间双差宽巷模糊度整数解之后,需要确定基准站间双差L1载波相位模糊度的整数解,但是由于基准站间距离达到100 km以上,对流层延迟误差和电离层延迟误差的相关性降低,使得原始观测值作双差以后双差电离层延迟误差的残差和双差对流层延迟误差的残差不能忽略不计,因此本书将载波相位观测方程同无电离层组合观测方程相结合组成双差载波相位无电离层组合观测方程,如式(2-94)所示,消除了双差电离层延迟误差残差的影响,然后应用2.4.2.2节中的Saastamoinen误差模型解算双差天顶对流层干分量延迟误差,再利用CFA2.2映射函数模型根据Saastamoinen模型解算出来的双差天顶对流层干分量延迟误差解算双差对流层干分量延迟误差。考虑双差对流层湿分量延迟误差变化复杂,很难用数学模型进行解算,所以将双差对流层湿分量延迟误差作为未知参数进行估计,然后将解算出来的双差对流层延迟误差残差代入式(2-94)解算基准站双差L1载波相位模糊度浮点解,同样给出3号卫星和6号卫星的实验结果。图2-13至图2-15为3号卫星的基准站双差L1载波相位模糊度浮点解,图2-16至图2-18为6号卫星的基准站双差L1载波相位模糊度浮点解。

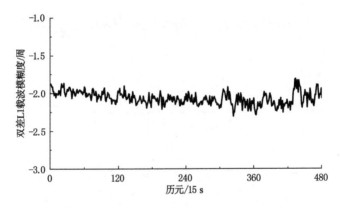

图2-13   base1-base2双差L1载波模糊度(PRN03)

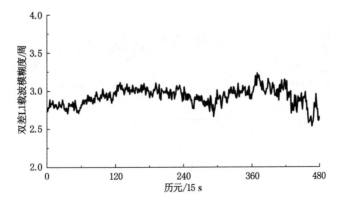

图2-14   base2-base3双差L1载波模糊度(PRN03)

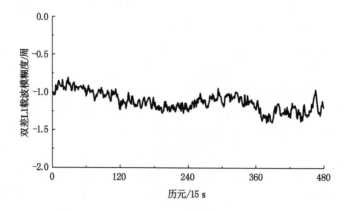

图 2-15　base3-base1 双差 L1 载波模糊度(PRN03)

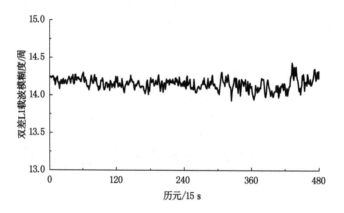

图 2-16　base1-base2 双差 L1 载波模糊度(PRN06)

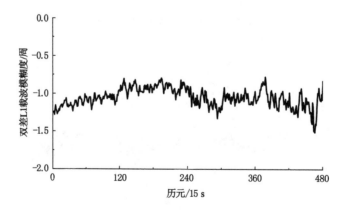

图 2-17　base2-base3 双差 L1 载波模糊度(PRN06)

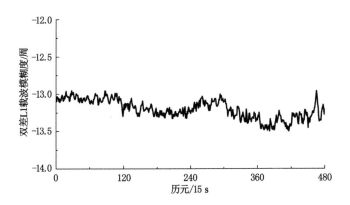

图 2-18　base3-base1 双差 L1 载波模糊度(PRN06)

由图 2-13 至图 2-15 可以看出:3 号卫星基准站间 3 条基线的双差 L1 载波相位模糊度浮点解分别收敛于一2、3 和一1,3 个模糊度之和为 0,满足双差 L1 载波相位模糊度整数解的检验公式[式(2-98)]和检验公式[式(2-99)]。由图 2-12 至图 2-14 可以看出:6 号卫星基准站间 3 条基线的双差 L1 载波相位模糊度浮点解分别收敛于 14、一1 和一13,3 个模糊度之和为 0,同样满足双差 L1 载波相位模糊度整数解的检验公式[式(2-98)]和检验公式[式(2-96)],保证了基准站双差 L1 载波相位模糊度解算结果的可靠性和本章算法的正确性。

另外,由图 2-13 至图 2-15 可以看出:3 号卫星 3 条基线从第一个历元开始模糊度浮点解同正确的整数解的偏差值在 0.5 周之内。由图 2-16 至图 2-18 也可以看出:6 号卫星 3 条基线从第一个历元开始模糊度浮点解同正确的整数解的偏差值也在 0.5 周之内,即基准站双差载波相位模糊度从第一个历元就能正确固定,成功率达 100%,从而证明了书中提出的 GNSS 长距离网络 RTK 基准站整周模糊度解算方法的正确性和可靠性。

2.7.2　长距离网络 RTK 误差改正方法实验

GNSS 长距离网络 RTK 算法的主要目的之一是计算出高精度的流动站综合误差,将此误差用于改正流动站的观测值,才能尽可能消除流动站观测值的误差,进而准确固定模糊度以及得到高精度的定位结果。所以在基准站间双差宽巷整周模糊度和双差 L1 载波相位整周模糊度准确固定之后,根据式(2-113)计算基准站间宽巷综合误差和 L1 载波相位综合误差,然后根据式(2-114)进行流动站用户观测值的宽巷综合误差和 L1 载波相位综合误差的解算,求得的综合误差主要包括卫星轨道误差、双差电离层延迟残差和双差对流层延迟残差等,其计算精度可以达到厘米级。此处仍以 3 号卫星和 6 号卫星为例,则基准站宽巷综合误差和基准站 L1 载波相位综合误差的解算结果如图 2-19 至图 2-22 所示,流动站宽巷综合误差和流动站 L1 载波相位综合误差解算结果如图 2-23 至图 2-26 所示。

由图 2-19 至图 2-26 可以看出:利用本章提出的 GNSS 长距离网络 RTK 基准站综合误差解算模型以及流动站综合误差解算模型解算的综合误差精度基本可以达到厘米级,能够很好地削弱流动站观测值的误差,降低了各种误差对流动站用户观测值整周模糊度解算的影响,使流动站用户获得高精度定位结果得到了保证。

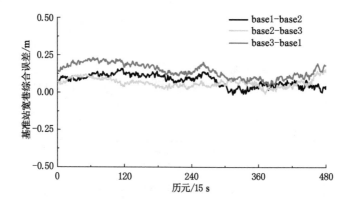

图 2-19   基准站宽巷综合误差（PRN03）

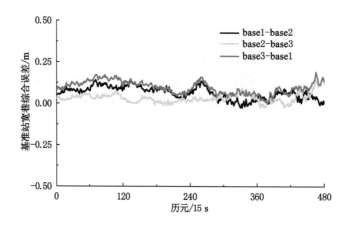

图 2-20   基准站宽巷综合误差（PRN06）

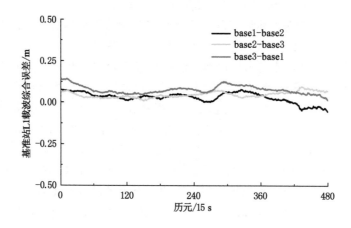

图 2-21   基准站 L1 载波综合误差（PRN03）

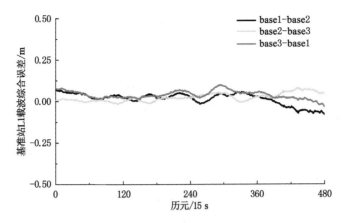

图 2-22 基准站 L1 载波综合误差（PRN06）

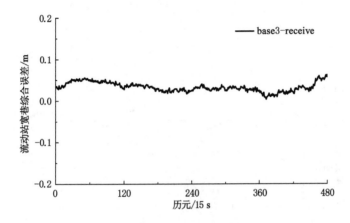

图 2-23 流动站宽巷综合误差（PRN03）

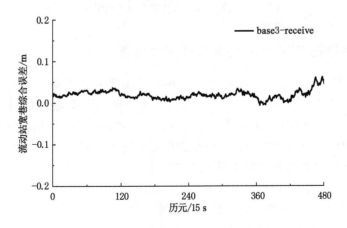

图 2-24 流动站宽巷综合误差（PRN06）

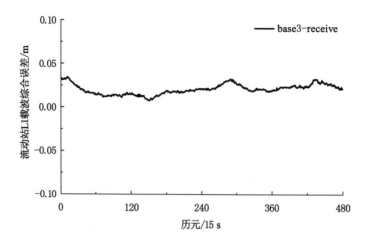

图 2-25　流动站 L1 载波综合误差(PRN03)

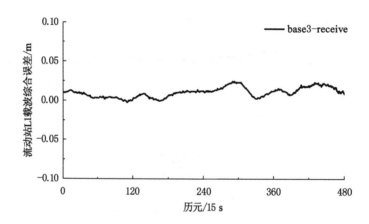

图 2-26　流动站 L1 载波综合误差(PRN06)

2.7.3　长距离网络 RTK 流动站整周模糊度解算实验

在得到高精度的流动站综合误差之后,利用式(2-162)估计流动站双差宽巷模糊度的浮点解,然后采用 2.6.1.4 节中的 LAMBDA 算法搜索流动站的双差宽巷模糊度整数解,再利用式(2-177)解算流动站双差 L1 载波相位模糊度浮点解,同时利用 TIKHONOV 正则化改进的 LAMBDA 算法搜索流动站 L1 载波相位模糊度的整数解。这里仍以 3 号卫星和 6 号卫星为例,模糊度的解算结果如图 2-27 至图 2-30 所示。

由图 2-27 至图 2-30 可以看出:流动站的双差宽巷整周模糊度和双差载波相位整周模糊度都能够快速收敛完成模糊度固定解的初始化。对图 2-27 至图 2-30 中的流动站双差宽巷整周模糊度和双差载波模糊度固定解的初始化时间进行统计,见表 2-1。

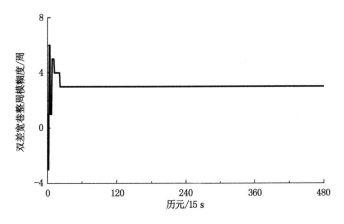

图 2-27 流动站双差宽巷模糊度（PRN03）

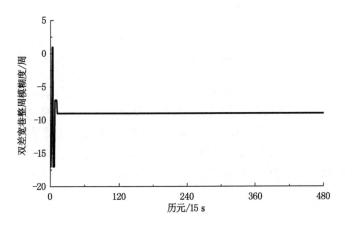

图 2-28 流动站双差宽巷模糊度（PRN06）

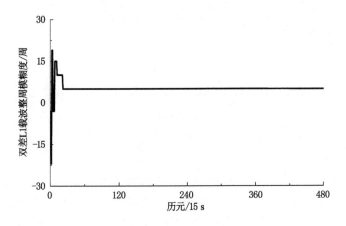

图 2-29 流动站双差 L1 载波模糊度（PRN03）

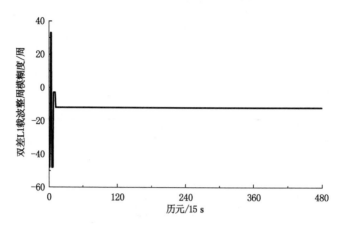

图 2-30　流动站双差 L1 载波模糊度（PRN06）

表 2-1　流动站双差模糊度固定解初始化时间

	总历元	时间/历元	固定历元
双差宽巷模糊度	480	21	459
双差载波模糊度	480	21	459

由表 2-1 可以看出：流动站双差模糊度只要 21 个历元即可完成初始化，得到正确的模糊度固定解，因为历元间隔为 15 s，所以 21 个历元的初始化时间大概为 5 min，即流动站的模糊度经过 5 min 左右即可完成初始化，使流动站获得厘米级定位结果。

因为在 2.6.2 节中提到采用 ratio 值检验流动站模糊度的固定解，所以为了进一步验证流动站模糊度的解算效率和准确率，这里给出 ratio 值的变化情况，如图 2-31 所示。

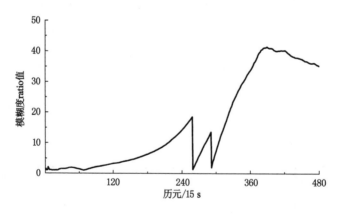

图 2-31　ratio 值

由图 2-27 至图 2-30 可以看出：流动站双差模糊度能够快速收敛完成模糊度固定解的初始化，从表 2-1 的统计中也验证了流动站模糊度能够在 5 min 左右即可完成初始化，同时图 2-31 的 ratio 值变化情况也验证了流动站用户可以快速得到模糊度的固定解，完成初始化。图 2-31 中 ratio 值整体趋势为递增，大部分历元的 ratio 值大于 3，只是在某些时间点ratio 值出现了骤减然后又递增的现象，其原因是这个时间点存在卫星失锁现象或者出现了新的卫星,但仍能正确固定模糊度,说明利用本章提出的算法能够快速、准确地得到正确的模糊度固定解,这样可以使流动站用户快速得到高精度的定位结果。

2.7.4　长距离网络RTK定位实验

在得到流动站双差L1载波相位模糊度整数解之后,将正确的流动站双差L1载波相位整周模糊度的固定解回代式(2-177),并利用最小二乘算法解算流动站最终的N、E、U三个方向的定位结果,然后将解算得到的三个方向的定位结果同流动站的精确坐标作差得到流动站三个方向解算结果的差值,差值结果如图2-32所示。同时为了说明所用数据的卫星数目满足定位的要求并证明卫星的结构较好,给出卫星数和PDOP值的统计信息,如图2-33所示。

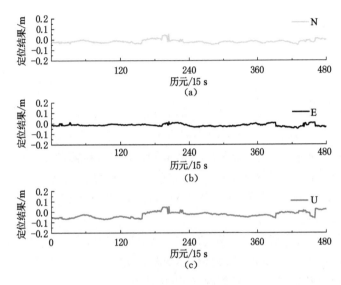

图 2-32　定位结果偏差

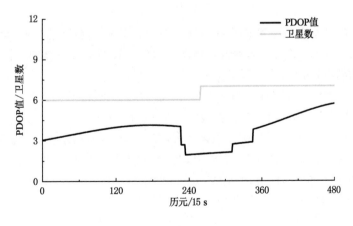

图 2-33　卫星数和 PDOP 值

由图2-32和图2-33可以看出:N、E、U三个方向都达到厘米级的定位精度,同时PDOP值基本上在4以下变化,证明卫星结构非常好,保证了本章定位结果的可靠性。通过对N、E、U三个方向的定位差值进行概率统计,可以得到N、E、U三个方向的定位结果的RMS

值的信息,见表 2-2。

表 2-2　定位结果绝对误差 RMS 值　　　　　　　　单位:m

N 方向	E 方向	U 方向
0.020 0	0.023 6	0.037 6

由表 2-2 可以看出:N、E、U 三个方向都达到了厘米级定位精度,其中 N、E 两个方向达到 2 cm 的定位精度,U 方向达到 3.7 cm 的定位精度,证明本章提出的 GNSS 长距离网络 RTK 定位算法能够为用户提供实时的厘米级的定位结果。

2.8　结论与展望

2.8.1　结论

本章深入研究了国内外已有的 GNSS 网络 RTK 定位算法,提出了 GNSS 长距离网络 RTK 的定位算法,主要包括:GNSS 长距离网络 RTK 基准站间双差宽巷整周模糊度和双差载波相位整周模糊度解算;GNSS 长距离网络 RTK 基准站和流动站的误差改正;GNSS 长距离网络 RTK 流动站双差宽巷整周模糊度和双差载波相位整周模糊度解算以及流动站定位结果的解算。通过实测的 CORS 网络数据对本章提出的 GNSS 长距离网络 RTK 定位算法进行了实验验证。主要结论有:

(1) 利用 MW 组合观测值能够准确、快速地完成 GNSS 长距离网络 RTK 基准站双差宽巷整周模糊度的解算,利用 Saastamoinen 模型和 CFA2.2 映射函数模型相结合以及无电离层组合观测值能够很好地消除 GNSS 长距离网络 RTK 基准站双差对流层延迟误差残差和双差电离层延迟误差残差的影响,使 GNSS 长距离网络 RTK 基准站双差载波模糊度可以快速、准确固定。

(2) 采用综合误差内插法解算的流动站误差改正数精度能够达到厘米级,很好地削弱了流动站观测值的误差,降低了各种误差对流动站用户观测值整周模糊度解算的影响,使流动站用户获得高精度定位结果得到了保证。

(3) LAMBDA 算法和 TIKHONOV 正则化改进的 LAMBDA 算法保证了长距离网络 RTK 流动站双差整周模糊度的快速固定,数据表明在 5 min 内即可完成初始化,得到正确的流动站整周模糊度。同时,ratio 值大于阈值且逐渐增大,表明得到的流动站模糊度整数解可靠有效。

(4) 流动站用户在 E、N、U 三个方向上均得到厘米级的定位结果,其中 N、E 两个平面方向达到 2 cm 的定位精度,U 方向达到 3.7 cm 的定位精度,证明本章提出的 GNSS 长距离网络 RTK 定位算法的正确性和可靠性。

2.8.2　展望

本章完成了对 GNSS 长距离网络 RTK 定位算法的研究,并利用 CORS 网的实测数据完成了该算法的实验,验证了该算法的正确性和可靠性,但是仍有许多不足之处需要进一步完善和提高,主要包括以下几个方面:

（1）进一步从理论和实验验证方面对书中提出的 GNSS 长距离网络 RTK 定位算法进行深入研究，确定基准站间的距离具体在多少千米范围内可以快速、准确地解算双差整周模糊度，从而可以使流动站得到厘米级定位结果。

（2）本书中在对基准站的原始观测值作双差得到双差观测值以后，只考虑了双差电离层延迟残差和双差对流层延迟残差，而对于其他误差的双差残差均忽略不计，而随着基准站间距离的增加，其他误差双差残差对模糊度解算也会造成影响，所以下一步要对其他误差双差残差利用数学模型进行估计，进而提高基准站模糊度的解算效率和准确度。

（3）本书采用的 CORS 网的观测数据没有考虑不同类型的接收机对定位结果的影响，下一步可以考虑在原有的 CORS 站的位置，用不同类型的接收机获取原始观测数据，对 GNSS 长距离网络 RTK 定位算法进行验证。

3 BDS 系统载波相位周跳探测与修复

3.1 研究背景及意义

3.1.1 研究背景

北斗卫星导航系统是中国正在实施的自主发展、独立运行的全球卫星导航系统，是继美国全球定位系统（GPS）、俄罗斯格洛纳斯卫星导航系统（GLONASS）之后第三个成熟的卫星导航系统[17]。北斗卫星导航系统的建设经历了近三十年时间。1970 年，中国开始研究卫星导航系统的技术和方案，逐步形成了三步走发展战略。1994 年，启动了北斗一号系统工程建设。2000 年，发射 2 颗地球静止轨道卫星，建成双星系统并投入使用。我国的授时、信息发送等功能由原先的 GPS 转变成北斗传输。2004 年，启动北斗二号系统工程建设。2012 年年底，完成了 14 颗卫星（5 颗地球静止轨道卫星、5 颗倾斜地球同步轨道卫星和 4 颗中圆地球轨道卫星）发射组网。北斗二号系统在兼容北斗一号系统技术体制基础上，增加无源定位体制，为亚太地区用户提供定位、测速、授时和短报文通信服务[18]。在此期间，2009 年，我国已经启动了北斗三号系统建设，随后，北斗导航卫星进入高密度发射时期，2018 年，我国北斗三号组网全部完成，北斗三号基本系统开始提供全球服务。2020 年 6 月，我国成功发射北斗系统第五十五颗导航卫星，这标志着北斗三号全球卫星导航系统星座部署全面完成。

相比其他卫星导航定位系统，北斗卫星导航系统建设较晚，具有后发优势，在新一代北斗卫星中应用了许多新技术，使得北斗卫星导航系统在与其他卫星系统兼容的同时有着自己的特色，北斗卫星导航系统的特点包括以下几点：

（1）混合星座设计。北斗星座采用 GEO＋IGSO＋MEO 三种轨道类型，相比于 GPS 等只采用 MEO 星座的导航系统，北斗系统增加了 GEO 和 IGSO 两类高轨卫星，这种星座设计，更有利于全球范围提供定位服务，通过系统的合理设计，少数几颗 GEO 和 IGSO 卫星即可对特定区域实现全天时覆盖，对于低纬度用户，GEO 和 IGSO 卫星就在天顶方向附近，因此卫星信号可以避开环境的遮挡，抗干扰能力更强。

（2）导航通信一体化设计。北斗系统从北斗一号开始便采用了短报文通信设计，这样即可以实现导航定位功能，又能在用户之间实现互相通信，这种设计便是北斗系统的后发优势，其功能在国防、民生和应急救援等领域具有重要的使用价值。

（3）星间链路自主管控星座。北斗三号配置了星间链路，实现了星间双向精密测距和通信，利用星间测量信息，卫星可以自主计算和修正轨道位置，并同步时钟系统，实现自主运行，同时通过星间与星地联合测量，实现星-星-地联合精密定轨，提高轨道和时间同步精度[19]。另外通过星间和星地链路,可以实现对境外卫星的监测和注入功能,从而对境外卫星进行高效的测控管理。

(4)多频点导航信号。北斗二号系统在 B1、B2 和 B3 频段分别提供 B1I、B2I 和 B3I 3 个公开服务信号,北斗三号系统在继承和保留了北斗二号 B1I 和 B3I 信号的基础上新增了 B1C 公开信号,并利用新设计的 B2a 信号替代原来的 B2I 信号,这种设计在提升信号性能的同时保证了与其他卫星导航系统的兼容和互操作,同时为卫星定位提供了更多可选的观测数据[20]。

目前北斗卫星导航系统已全面投入使用,并向全球用户提供导航、定位、授时和通信服务,这标志着北斗卫星导航系统进入持续稳定、快速发展的新阶段,其在社会生产建设各个方面发挥着越来越重要的作用,不仅有助于我国各个领域逐渐摆脱对美国 GPS 系统的依赖,更能够不断发挥北斗卫星导航定位系统的社会经济建设价值。同时为了提升北斗系统的整体服务能力,各领域学者在已有技术的基础上不断创新,促进北斗系统的相关研究不断深入,使得北斗卫星导航系统的实验与研究工作逐渐进入高峰期,不断推动北斗系统的发展和应用。

3.1.2 研究意义

随着北斗卫星导航系统在社会生产建设中广泛应用,各行业对定位精度的要求更严格。在卫星定位技术中,接收机通过连续接收多颗卫星数据并进行处理而得到自身的准确位置,目前的卫星定位方式分为伪距定位和载波相位定位,二者都是通过测量星地距离进行定位,伪距定位通过信号到达时间进行测量,载波相位定位通过卫星发射的信号与接收机信号的相位差进行测量。由于伪距和载波相位的观测精度不同,导致两种方式的定位精度有所不同,伪距观测值是指卫星定位过程中地面接收机到卫星之间的大概距离,是根据卫星信号的传播时间乘以传播速度得到的卫地距离,其中包含电离层延迟、对流层延迟、星钟误差等各种误差,因此伪距定位精度只能达到十米级以上。载波相位观测值是接收机对载波相位周数的连续记录,通过求解整周模糊度,即可计算得到卫星与接收机之间的距离,载波相位的波长一般都为分米级,通过差分定位等技术,利用载波相位观测值进行定位的精度可以达到厘米级,所以高精度定位必须依靠载波相位观测值。而周跳的产生对定位精度的影响较大,一周的周跳值可以在传播路径上产生分米级的距离误差,解算到坐标轴方向可产生厘米级误差,因此对载波相位数据中的周跳进行探测和修复是必不可少的。

3.2 国内外研究现状

3.2.1 单、双频周跳探测研究现状

美国的 GPS 系统于 1978 年投入使用,是世界上最早的全球卫星导航定位系统,与此同时,在 19 世纪 90 年代,研究学者已经开始对周跳的探测和修复问题进行研究。此后在卫星导航定位系统的各个发展阶段,周跳的探测和修复一直是国内外学者研究的重要内容,可见周跳对定位精度的影响较大。随着新的研究成果的不断涌现,周跳的探测和修复方法逐渐理论化和系统化,在进行定位解算之前,通过对观测数据预处理,更好地保证了载波相位数

据的准确性,从而确保高精度定位的实现。

卫星导航系统发展初期,国内外学者主要对单、双频数据周跳探测方法进行研究,B. M. Remondai[21]首次提出了高次差法并将其用于单频周跳的探测与修复,该方法通过对载波相位观测值在历元间多次作差,放大周跳的影响,从而固定周跳值,但是这种方法也放大了观测噪声,因此不能探测出小周跳。Mader 提出了多项式拟合法,该方法假设观测值随时间变化可用一个高阶多项式表示,通过多项式拟合出下一历元无周跳的载波相位理论值,并与实际值对比来检测是否产生周跳,但这种多项式的稳定性很容易被接收机自身的运动所打破,使得拟合值产生较大误差,因此该方法通常只适用于对静态数据的处理[22]。D. Kim 等[23]采用多普勒观测值法进行周跳修复,利用多普勒积分计算载波相位变化量作为历元间载波相位变化的理论值,并与由相位观测值计算的相位变化量作差来探测周跳,这种方法摒弃了利用伪距观测值辅助探测周跳的思想,可以实时探测和修复周跳。Melbourne 和 Wübbena 两人共同提出了 MW 组合法,该方法对双频相位观测值进行宽巷组合,同时将伪距观测值进行窄巷组合,再利用宽巷相位和窄巷伪距作差构造周跳检测量[24]。蔡成林等[25]利用多普勒积分重构联合 STPIR 法进行双频周跳探测,高采样率时周跳探测精度优于伪距相位组合法。

3.2.2 多频周跳探测研究现状

在北斗卫星导航系统建立之前,对卫星定位技术的研究大多数是基于 GPS 系统进行的,国内对周跳探测方法的研究较少,而从我国北斗卫星导航系统建立之初开始,对北斗卫星定位技术的研究不断深入,周跳的探测和修复方法也成为重点研究内容。特别是 2012 年之后,随着北斗二号系统的建成并投入使用,国内的学者开始对北斗卫星导航系统进行广泛、深入的研究,对周跳探测和修复方法的研究也从 GPS 系统逐渐向 BDS 系统和 GNSS 多系统融合、由单双频向多频周跳探测方向迈进。

近年来对三频周跳探测方法的研究不断深入,李迪等利用 STPIR 法和 MW 组合进行北斗三频周跳探测,但 MW 组合只能进行双频组合,无法获取波长较长的周跳检测量[26]。Dongsheng Zhao 改进了 HMW(Hatch-Melbourne-Wübbena)组合方法,使用改正后的伪距组合量进行周跳探测,降低了伪距测量噪声的影响。黎蕾蕾等[27]利用惯导辅助无电离层与宽巷组合进行双频周跳探测,可以有效探测不同大小的双频组合周跳,且能够在短时间内修复周跳。夏思琪等[28]利用一个三频无几何相位组合和一个三频 STPIR 组合构建公共盲点模型,并利用其探测伪距相位组合中的不敏感周跳,从而实现三频周跳的无盲点探测,F. Zhang 等[29]针对伪距相位和无几何相位组合周跳解算过程受病态方程的影响问题,利用一种基于残差信息的调整系数矩阵周跳估计算法(ACMRI 算法),通过补偿观测值的偏差,降低病态方程的影响。吕震等[30]提出一种针对 BDS 四频数据的周跳探测方法,通过构建 3 个无几何相位组合和 1 个无几何无电离层组合进行周跳探测,并利用最小二乘法结合 LAMBDA 法解算单频整周周跳值,实现了对单站非差观测值的周跳探测和修复。

3.2.3 研究内容及路线

在卫星定位过程中,对 GNSS 观测数据的预处理是保证定位精度的前提,而对载波相位观测中的周跳探测和修复是数据预处理的重要环节。本章针对 BDS 系统的周跳探测方法进行了相关研究,总结讨论了单频、双频和三频周跳探测方法,如高次差法、多项式拟合法、MW 组合、电离层残差法和无几何相位组合法等,并提出了多普勒积分用于双频和三频周跳探测的方法,同时利用 BDS 卫星观测数据进行实验,验证不同方法的周跳探测性能。本章的主要内容如下:

(1) 首先介绍 BDS 系统的发展历程,概括 BDS 系统的特点,并指出周跳探测与修复的研究意义,同时梳理国内外关于周跳探测的研究理论和成果,总结各种周跳探测方法的优点和缺点,再阐述周跳探测与修复的基本理论,包括周跳的定义、周跳产生的原因及其对定位精度的影响等,介绍本章的研究内容和研究路线。

(2) 研究 BDS 单频周跳探测方法,包括高次差法、多项式拟合法、相位减伪距法和多普勒积分法,并利用 BDS 卫星单频观测数据进行周跳探测模拟实验,分析每种方法对不同采样率数据的探测能力,验证周跳探测方法的可靠性。

(3) 研究双频周跳探测方法,分别阐述了 MW 组合法、电离层残差法和 STPIR 法周跳探测原理,并提出了将多普勒积分用于双频周跳探测的方法,利用 BDS 卫星双频观测数据进行周跳探测实验,验证各种方法的周跳探测能力,最后提出组合方法进行周跳探测,并构建解算方程组解算单频周跳值,以完成周跳修复。

(4) 研究三频周跳探测方法,首先介绍了伪距相位组合法、无几何相位组合法和三频STPIR 法,同时提出了多普勒积分用于三频周跳探测的方法以及利用卫星广播星历重构多普勒积分的方法,并根据条件选择三频观测值组合系数,然后利用 BDS 卫星三频观测数据,针对各自方法进行周跳探测模拟实验,以验证每种方法的周跳探测性能,之后提出了利用两个多普勒积分组合和一个 STPIR 组合进行三频周跳探测的组合方法,用于构建方程组计算单频周跳值,并进行周跳修复,最后根据周跳与粗差的性质,提出了判别周跳和粗差的方法,并利用三频数据进行实验,检验该方法对周跳和粗差的判断能力。

(5) 简述本章的研究结果,总结不同周跳探测方法对 BDS 系统载波相位观测数据的适用性,并指出本章研究中的不足之处,为未来的研究工作指定方向,接下来可以针对 GNSS系统的周跳探测理论进行研究,提高方法的适用性和精度,还可以在三频周跳探测理论的基础上研究四频和五频周跳探测方法,为多频高精度定位提供保障。本章的研究技术路线如图 3-1 所示。

3.3　周跳探测与修复的基本理论

3.3.1　BDS 系统星座

北斗一号系统采用双星星座,属于卫星导航实验系统,该系统将两颗卫星发射到同一地球静止轨道上,并准备一颗在轨备份卫星,这样的星座即可完成简单的卫星定位工作,由于卫星相对于地球静止,所以北斗一号的对地覆盖范围是固定的,其可以覆盖北纬 $5°\sim55°$、东经 $70°\sim140°$ 的区域。该系统主要用于在轨测试,包括双星快速定位、授时以及独有的短报文通信功能,验证卫星星座及轨道技术的可行性。目前,北斗一号已经完成使命并退役。

北斗二号是在北斗一号的技术支持下建立起来的区域卫星导航系统,北斗二号采用三种轨道类型,包括地球静止轨道、中圆地球轨道和倾斜地球同步轨道,系统星座为 5GEO＋

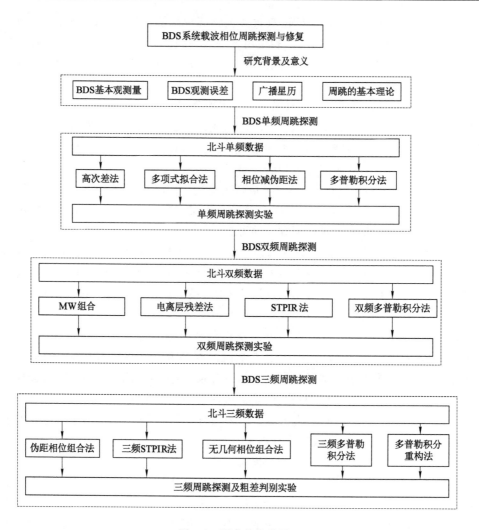

图 3-1 研究技术路线

5IGSO＋4MEO。事实上,由轨道的相关理论可知:由于地球静止轨道高度较高,一颗地球静止轨道卫星即可覆盖地球约 45％的区域,因此 3 颗地球静止轨道卫星即可满足全球覆盖,而北斗二号系统设置了备份卫星,保证系统的稳定运行。而倾斜地球同步轨道是一种回归轨道,即在固定的时间(1 个恒星日)内的星下点轨迹是相同的,因此在区域覆盖上也具有极大的优势,用户在每天的固定时间均可接收到同一颗卫星的信号,经过对倾斜地球同步轨道卫星的特殊布设,就可以满足对中国和周边地区的精准覆盖[31]。2012 年年底,我国建成了北斗二号系统并面向亚太地区正式提供服务,北斗二号的覆盖范围有所扩大,包括 55°S～55°N、东经 70°E～150°E 的大部分区域。相比北斗一号,北斗二号已具备北斗系统的大部分服务功能,定位精度优于 10 m,部分地区定位精度可以达到 5 m,这也体现出北斗独特轨道和星座设计的优势。

北斗三号是在北斗二号的基础上建立起来的。北斗三号采用 3GEO＋3IGSO＋24MEO 星座构成,即 3 颗地球静止轨道卫星、3 颗倾斜地球同步轨道卫星和 24 颗中圆地球轨道卫星。其中,GEO 卫星的轨道高度为 35 786 km,分别定点于东经 80°、110.5°和 140°;

IGSO 轨道高度为 35 786 km，轨道倾角为 55°；MEO 卫星轨道高度为 21 528 km，轨道倾角为 55°。在兼容北斗二号卫星的基础上，北斗三号增加了轨道数量和卫星数量，实现全球覆盖。北斗三号系统不仅完成了系统星座的构建，还进行了地面设施的升级改造，建立了高精度的时间基准和空间基准，可以为全球用户提供更高效的导航定位服务，至此北斗卫星导航系统发展成为世界上第三大全球卫星导航定位系统。

　　BDS 系统在轨卫星星下轨迹如图 3-2 所示。

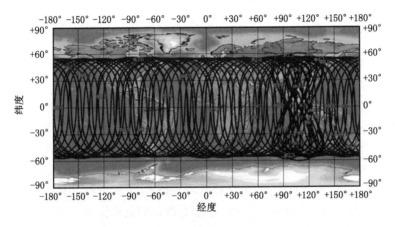

图 3-2　BDS 系统在轨卫星星下点轨迹

3.3.2　BDS 系统载波信号

　　北斗卫星导航系统利用北斗卫星向接收机发射电磁波信号进行信息传递和测量，电磁波信号在传播过程中受到各种因素的影响，会导致信号沿着不规则路径传播，最终使测量产生误差（这些误差的相关理论在本章接下来的内容中会详细论述）。为了消除或降低各种误差的影响，北斗卫星可以发射 3 种频率的电磁波信号，利用频间组合模型可以计算电离层延迟，并消除对流层延迟等的影响，提高定位精度。另外，北斗卫星发射的电磁波频率均在 1 000 MHz 以上，通过发射高频率的电磁波信号可以提高电离层延迟计算的精度，同时可以获得精确的多普勒频移数据，从而满足高精度测速的要求。

　　北斗二号共有 B1、B2、B3 3 个频段，在每个频段上分别提供 B1I、B2I、B3I 信号，同一颗卫星的 3 种信号由同一基准时钟产生，保证信号的高度同源。北斗三号在 B1、B2、B3 频段一共提供 B1I、B1C、B2a、B2b、B3I 5 个服务信号，其中 B1C、B2a、B2b 信号是北斗三号新增的频段，且只在 MEO 和 IGSO 卫星上播发，可以看出：北斗三号在继承和保留北斗二号 B1I 和 B3I 信号的同时，对 B2 信号进行了改进，不仅实现了信号性能的提升，也为用户提供了更多频率的载波信号[32]。北斗系统的载波信号频率见表 3-1。

表 3-1　BDS 系统载波信号

频段	频率/MHz	波长/cm
B1I	1 561.098	19.20
B1C(BDS-3)	1 575.42	19.03

表 3-1(续)

频段	频率/MHz	波长/cm
B2I(BDS-2)	1 207.14	24.83
B2a(BDS-3)	1 176.45	25.48
B2b(BDS-3)	1 207.14	24.83
B3I	1 268.52	23.63

3.3.3　BDS 卫星星历

卫星星历是描述卫星运行轨道信息的精确参数文件,星历中的各项参数是时间的函数,通过卫星星历可以预测、描绘、跟踪卫星运行的位置、时间和状态等。北斗卫星发射含有轨道信息的导航电文,接收机收到导航信号并对其进行解码处理,就可以获得卫星星历信息,这种由卫星直接发送的星历又称为广播星历。

根据开普勒行星运动三大定律,可以将卫星在轨道空间的运行描述为一种二体运动:卫星是绕地球质心运动的,其运动轨迹为椭圆形,且地球质心为椭圆的一个焦点。在这种情况下,假设卫星在轨道上进行无摄运动,若要计算卫星轨道,只需要确定开普勒轨道6根数:轨道长半轴、偏心率、轨道倾角、升交点赤经、近地点角距和真近点角。但是从动力学角度出发,卫星的运动并不是一种简单的二体运动,而是受到各种摄动力的影响,主要包括太阳和月球引力以及地球潮汐的作用力等,在这些摄动力的影响下,卫星运行轨迹的不确定性增加,为了精确地计算受摄运动下卫星的轨道,需要扩展轨道6根数,增加轨道的摄动改正参数,同时考虑卫星运行周期变化规律,因此,北斗二号广播星历共设置15个描述轨道的参数和1个星历参考时间,轨道参数包括6个开普勒轨道根数、3个摄动线性改正项和6个周期改正项系数,具体参数及定义见表3-2。

表 3-2　BDS 系统广播星历参数

序号	参数	定义
1	t_{oe}	星历参考时间
2	$\sqrt{A}$	卫星轨道长半轴的平方根
3	e	轨道偏心率
4	i_0	t_{oe} 时刻的轨道倾角
5	Ω_0	周历元零时刻的升交点经度
6	ω	近地点角距
7	M_0	t_{oe} 时刻的平近点角
8	Δn	平均运动角速率改正值
9	$\dot{\Omega}$	升交点赤经变化率
10	$\dot{i}$	轨道倾角变化率
11	C_{uc}	升交点角距余弦调和改正项振幅
12	C_{us}	升交点角距正弦调和改正项振幅

表 3-2(续)

序号	参数	定义
13	C_{rc}	卫星地心距余弦调和改正项振幅
14	C_{rs}	卫星地心距正弦调和改正项振幅
15	C_{ic}	轨道倾角余弦调和改正项振幅
16	C_{is}	轨道倾角正弦调和改正项振幅

3.4　周跳探测的基本理论

3.4.1　周跳的定义

在卫星定位过程中,接收机对 BDS 卫星的载波信号进行连续追踪观测,并记录载波相位的整周数值,但是由于积分器等硬件问题或受外界环境影响,造成接收机中载波锁相环路失锁,从而导致整周计数出现失误,这一现象称为周跳(图 3-3),在信号恢复正常或无环境遮挡后,接收机对载波相位周数重新恢复计数,期间接收机记录的载波相位值与实际值相差一定数量的整周数即周跳值[33]。

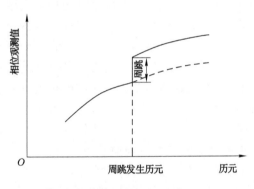

图 3-3　周跳产生的原理

3.4.2　周跳产生的原因

周跳产生的原因大体上分为两类,一种是硬件出现问题,另外一种是信号传播过程受阻。第一种原因包括两个方面:① 卫星信号发射端出现故障,导致卫星信号失准,这种情况一般很少发生;② 信号接收端出现故障,接收机硬件受损或者数据处理软件出现错误。第二种原因也包括两个方面:① 信号传播过程中受到环境中障碍物的遮挡,如树木、山体和建筑物等,导致信号接收中断,这种情况比较常见;② 低信噪比导致信号失锁,整周计数中断,从而产生周跳。

3.4.3　周跳对定位精度的影响

周跳是在接收机对卫星的数据观测过程中产生的,直接使载波相位观测数据产生错误,从而影响定位精度,在进行高精度定位时,定位误差一般在厘米级范围内,而由于载波相位波长在分米级,一周的周跳就能在传播路径上产生一个波长长度的直线误差,也就是一周的周跳在传播路径上会造成分米级的测量误差,这种误差最终解算到坐标轴上,会产生几厘米到几十厘米的方向误差,最终导致定位偏差。BDS 载波相位测量中,一周的载波相位误差在东西方向产生 0.03~0.06 m 的偏差,在南北方向产生 0.10~0.18 m 的偏差,在天顶方向产生 0.14~0.18 m 的偏差,这种偏差对精密定位来说是不能忽视的,因此需要在数据预处理阶段严格剔除载波相位观测值中的周跳,从源头上消除其影响定位精度的可能[34]。

3.4.4　周跳探测与修复概念

由于周跳产生在卫星观测数据中,直接影响卫星定位精度,因此周跳的探测与修复是数据预处理的重要环节,利用观测数据中的三种基本观测值:伪距观测值、载波相位观测值和多普勒观测值,通过各种数学方法,对观测值进行线性组合,可以构造出不同类型的周跳检测量,利用周跳检测量筛选观测数据中有周跳的历元,固定周跳产生的位置,并解算周跳的数值,从周跳产生的位置开始,在载波相位数据中添加或去除与周跳数值相反的载波相位周数,从而修复周跳,完成周跳的探测和修复工作。

3.4.5　周跳检测量的构造

对载波相位观测数据中周跳的探测,本质上就是确定周跳产生的位置,理论上,由于接收机对卫星信号进行连续追踪,观测数据也是随时间连续变化的,无周跳时,相邻历元间载波相位的变化量近似相等,当某历元产生周跳时,此历元的载波相位变化量会产生突变,利用这个特征便可以确定周跳产生的位置,但实际观测过程中受到各种误差的影响,使得载波相位观测数据中存在各种误差项,这也增加了周跳探测的难度,因此在周跳探测过程中,需要利用原始观测数据经过线性组合构造一些数学量,突出周跳的影响效果,这些数学量就是周跳检测量,在进行单频周跳探测时,通常只能将原始数据进行历元间作差构造周跳检测量,周跳探测误差相对较大,在进行双频和三频周跳探测时,可以将同频率的数据分别进行频间和历元间线性组合,构造更适合探测周跳的检测量,不同类型的周跳检测量对误差分析的侧重点不同,也决定了不同的周跳探测性能,这些周跳检测量的构造理论将在下面章节详细阐述。

3.5　单频周跳探测

3.5.1　高次差法

3.5.1.1　高次差法基本原理

高次差法是最早被用来进行周跳探测的方法,该方法的原理是:接收机对卫星连续观测时,接收机与卫星之间的距离发生连续变化,如果不存在周跳,距离的变化是平滑且规律的,所以载波相位计数也是连续的,如果有周跳存在,这种变化将会在发生周跳的历元被打断,由于历元间载波相位变化量数值较大,根据采样率的不同,一般为几百周到数万周,因此一周或数周的小周跳很难被发现,而通过对载波相位观测数据在相邻历元间进行连续作差,可以减缓接收机观测的整周计数的变化,放大周跳的影响,一般经过三次差或者四次差,其中有周跳历元的数据会呈现明显的数值跳跃,以此达到探测周跳的目的[35],原理见表 3-3。

表 3-3　高次差法原理

历元	相位/周	一次差	二次差	三次差	四次差
1	0				
2	0	0			
3	0	0	0		
4	0	0	0	0	
5	η	η	η	η	η
6	η	0	$-\eta$	-2η	-3η
7	η	0	0	η	3η
8	η	0	0	0	$-\eta$
9	η	0	0	0	0
10	η	0	0	0	0

从表 3-3 中可以清晰看出:当载波相位不含周跳时,经过多次作差后的结果趋于 0,而在某一历元产生周跳时,多次作差的结果便不再趋于 0,表中假设第 5 历元发生了大小为 η 周的周跳,连续作差后,第 6 个历元和第 7 个历元处的周跳值被放大了 3 倍,周跳对结果的影响变大,可以很容易确定周跳产生的位置,因此利用此方法可以对周跳进行探测。

3.5.1.2　算例分析

为了验证高次差法的周跳探测能力,利用 2021 年 3 月 14 日辽宁某地全球卫星导航系统(GNSS)基准站的卫星观测文件,选择 BDS 系统 C08 卫星的 B1 频率的载波相位观测数据,采样间隔为 1 s,将 12 个历元的载波相位观测值作为实验数据,在原始数据无周跳的情况下,对人为加入某一数值的周跳进行实验,首先对原始数据进行连续作差,结果见表 3-4。

表 3-4　1 s 采样率原始数据高次差结果

历元	相位/周	一次差	二次差	三次差	四次差
1	214 108 222.439				
2	214 109 584.806	1 362.367			
3	214 110 947.025	1 362.219	−0.148		
4	214 112 309.105	1 362.080	−0.139	0.009	
5	214 113 671.032	1 361.927	−0.153	−0.014	−0.023
6	214 115 032.772	1 361.740	−0.187	−0.034	−0.020
7	214 116 394.355	1 361.583	−0.157	0.030	0.064
8	214 117 755.850	1 361.495	−0.088	0.069	0.039
9	214 119 117.271	1 361.421	−0.074	0.014	−0.055

表 3-4(续)

历元	相位/周	一次差	二次差	三次差	四次差
10	214 120 478.522	1 361.251	−0.170	−0.096	−0.110
11	214 121 839.523	1 361.001	−0.250	−0.080	0.016
12	214 123 200.043	1 360.520	−0.481	−0.231	−0.151

由对原始数据的周跳探测结果可以看出:对载波相位观测值进行多次作差后,大幅度减弱了其随时间的变化趋势,作差结果趋近0,但仍然不为0,最小值为0.02周,这是由于接收机在连续观测时受接收机硬件及环境等的影响,使相邻历元间的观测值存在残余误差,这种误差也与采样率有关,采样率越高,外部环境的动态变化越小,相邻历元间残余误差越小,便更有利于周跳探测。

在第个7历元的载波相位观测值中加入3周的周跳,再次利用高次差法进行周跳探测,结果见表3-5。

表 3-5　1 s 采样率有周跳数据高次差结果

历元	相位/周	一次差	二次差	三次差	四次差
1	214 108 222.439				
2	214 109 584.806	1 362.367			
3	214 110 947.025	1 362.219	−0.148		
4	214 112 309.105	1 362.080	−0.139	0.009	
5	214 113 671.032	1 361.927	−0.153	−0.014	−0.023
6	214 115 032.772	1 361.740	−0.187	−0.034	−0.020
7	214 116 397.355	1 364.583	2.843	3.030	3.064
8	214 117 758.850	1 361.495	−3.088	−5.931	−8.961
9	214 119 120.271	1 361.421	−0.074	3.014	8.945
10	214 120 481.522	1 361.251	−0.170	−0.096	−3.110
11	214 121 842.523	1 361.001	−0.250	−0.080	0.016
12	214 123 203.043	1 360.520	−0.481	−0.231	−0.151

由表3-3可以看出:在第7历元加入周跳后,载波相位观测值经过4次作差,第个7历元的数值均不趋近0,可以判断当前历元发生了周跳,另外从第7个历元及其后2个历元的数值来看,第7个历元的数值与周跳值近似相等,探测误差仅为0.064周,第8、9历元的数值大小近似相等,符号相反,且均近似等于周跳数值的3倍,据此可以确定发生周跳的大小,从而完成周跳探测。总的来说,高次差法通过对载波相位观测值进行多次作差放大了周跳的影响,可以判断周跳产生的位置,并可以根据作差结果确定周跳的数值,达到周跳探测和修复的目的,但是这种方法受数据采样率的影响较大,在低采样率下,由于载波相位观测值作差后的残余误差较大,只能探测数周甚至数十周的大周跳,并且由于多次作差后的结果关系相邻几个历元的载波相位值,因此采用该方法不能对连续周跳进行探测,即无法分辨连续周跳的具体位置和大小,周跳探测能力有限。虽然高次差法已不能适应如今高精度定位的

需求,但是对观测数据进行历元间作差以减弱时间趋势影响的思想被广泛用于卫星定位的各个方面。

3.5.2 多项式拟合法

3.5.2.1 多项式拟合法原理

多项式拟合法同样是根据载波相位观测值随时间有规律变化的特性来进行周跳探测的,当某一历元有周跳产生时,会破坏载波相位的连续性变化,多项式拟合法利用前几个历元的无周跳观测数据,通过一个 r 阶多项式拟合出载波相位观测值的变化曲线,再利用该多项式预测下一历元的载波相位理论值,并根据拟合残差给出一个阈值,当理论值与实际观测值的差值超出阈值范围时,则认为这个历元发生了周跳。

利用 m 个无周跳的载波相位观测值拟合求出一个关于时间的 r 阶多项式,则多项式的数学模型为:

$$\tilde{\varphi}_n = a_0 + a_1(t_n - t_0) + a_2(t_n - t_0)^2 + \cdots + a_r(t_n - t_0)^r \quad (n = 1, 2, \cdots, m; m > r + 1)$$

$$(3\text{-}1)$$

式中,$\tilde{\varphi}_n$ 为 t_n 时刻的载波相位拟合值;n 为历元序号;t_0 为初始时间;t_n 为当前历元的时间;$a_0, a_1, a_2, \cdots, a_r$ 分别为多项式各项的系数,需要通过最小二乘法解算得到,同时根据拟合后的残差计算中误差,表达式为:

$$\tilde{\sigma}_\varphi = \sqrt{\frac{[V_n V_n]}{m - (r + 1)}} \quad (3\text{-}2)$$

式中,$\tilde{\sigma}_\varphi$ 为根据多项式拟合残差值计算的中误差;V_n 为第 n 个历元的载波相位拟合值与观测值之差。以 3 倍中误差作为周跳检测量的阈值来判断是否有周跳产生。拟合多项式是一个循环计算的过程,首先利用 m 个历元无周跳的载波相位观测值计算出多项式,利用此多项式计算第 $m+1$ 个历元的载波相位拟合值,若这个历元的载波相位拟合值与观测值之差没有超出阈值范围,则认为当前历元无周跳,若超出阈值范围,则认为第 $m+1$ 个历元发生了周跳。为了进行下一个历元的周跳探测,当发生周跳时将载波相位拟合值代替实际观测值,同时去除计算多项式的第一个载波相位观测值,将第 $m+1$ 个历元的载波相位观测值作为无周跳数据重新计算多项式,并利用此多项式计算第 $m+2$ 个历元的载波相位拟合值,依次循环全部历元,达到周跳探测的目的。

3.5.2.2 算例分析

利用多项式拟合法进行周跳探测时,需要首先确定拟合多项式的阶数和拟合所用的数据量,以便求得拟合多项式的各项参数,由于通常站星距对时间的 4 阶或 5 阶导数已经趋于 0,且数据变化无规律,不能再进行拟合,因此拟合阶数选择 3 阶,即 $r = 3$,同时,考虑拟合精度和计算量两个因素,确定拟合多项式所用的载波相位观测值为 6 个,即 $m = 6$,以此来解算每个历元的多项式参数并进行周跳探测。

为了验证多项式拟合法对不同采样率数据的周跳探测能力,选择 C08 卫星 B1 频率上 2 组不同采样率的载波相位观测数据进行实验,采样间隔分别为 1 s 和 15 s,由于原始数据不含周跳,采用人为加入一组周跳的方法来进行周跳探测。

首先利用多项式拟合法对 1 s 采样率原始数据进行周跳探测,结果见表 3-6。

表 3-6　多项式拟合法对 1 s 采样率数据的周跳探测结果

历元	载波相位观测值	多项式拟合值	拟合残差
1	214 108 222.439		
2	214 109 584.806		
3	214 110 947.025		
4	214 112 309.105		
5	214 113 671.032		
6	214 115 032.772		
7	214 116 394.355	214 116 394.333	0.022
8	214 117 755.850	214 117 755.739	0.111
9	214 119 117.271	214 119 117.231	0.040
10	214 120 478.522	214 120 478.679	−0.157
11	214 121 839.523	214 121 839.690	−0.167
12	214 123 200.043	214 123 200.246	−0.203

可以看出:1 s 采样率下,多项式拟合精度较好,拟合残差最大值仅为 0.203 周,通过计算得到此时的多项式拟合中误差为 0.232 周,则可设置周跳检测量阈值为 0.7 周。若某一历元的拟合残差值大于阈值范围,则认为该历元产生了周跳,则该方法理论上可以探测到一周的小周跳。

在原始数据中第 9 个历元处添加 1 周的周跳值,再次利用高次差法进行周跳探测。由于多项式拟合值是前面历元的载波相位观测值的拟合结果,因此拟合值不变,所以第 9 个历元的拟合残差为 1.040 周,超出周跳检测量的阈值范围,可以判断当前历元发生了周跳。

再利用该方法对 30 s 采样率数据进行周跳探测,结果见表 3-7。

表 3-7　STPIR 法对有周跳数据的周跳探测结果

历元序号	载波相位观测值	多项式拟合值	拟合残差
1	214 108 222.439		
2	214 149 024.860		
3	214 189 682.199		
4	214 230 195.555		
5	214 270 564.195		
6	214 310 786.819		
7	214 350 862.585	214 350 864.104	−1.519
8	214 390 790.991	214 390 790.418	0.573
9	214 430 574.124	214 430 570.776	3.348
10	214 470 208.538	214 470 210.392	−1.854
11	214 509 692.420	214 509 696.438	−4.018
12	214 549 029.049	214 549 025.468	3.581

从表 3-7 可以看出:多项式拟合法对 30 s 采样率数据的拟合残差增大,最大已经大于 4 周,也就是说,当在第 11 个历元处加入 5 周的周跳值时,多项式拟合法的拟合残差为 −9.019 周,无法判断周跳的大小,因此该方法对低采样率数据仅能探测大于 10 周的周跳,周跳探测精度较低,且在周跳探测过程中,由于需要循环利用无周跳数据解算多项式参数,因此当探测到周跳时,需要先修复当前历元的周跳后才能继续进行后面历元的周跳探测,探测效率较低。

3.5.3 相位减伪距法

3.5.3.1 相位减伪距法基本原理

BDS 系统有测码和测相两种伪距测量方式,同一历元有伪距和载波相位观测值,虽然伪距测量受环境影响较大,测量精度远低于载波相位观测值,但是当外部环境较为稳定时,码伪距和载波相位均随时间连续、平滑地变化。无周跳时,相邻历元间的测码伪距变化量应近似等于载波相位变化量乘以波长,当有周跳产生时,二者便有所差异,因此可以利用伪距观测值辅助载波相位周跳探测。

根据伪距和载波相位观测方程,将二者作差可得:

$$\lambda\varphi = P - (I_\varphi + I_P) + (T_\varphi - T_P) + (\varepsilon_\varphi - \varepsilon_P) + \lambda N \tag{3-3}$$

将上式两端同除以载波波长,并在历元间作差,当接收机处于稳定状态时,相邻历元间的电离层延迟和对流层延迟变化不大,经过历元间作差可以将其忽略,因此相位减伪距法的周跳检测量为:

$$\Delta N = \varphi_{n+1} - \varphi_n - \frac{P_{n+1} - P_n}{\lambda} + \Delta\varepsilon \tag{3-4}$$

式中,ΔN 为周跳检测量。理论上,ΔN 应为 0,但考虑观测噪声影响,若无周跳发生,其值近似等于 0,当某一个历元产生周跳时,其值与周跳值近似相等,据此可以进行周跳探测。

3.5.3.2 算例分析

利用北斗系统 C08 卫星不同采样率的 B1 频率观测数据进行实验,采样间隔分别为 1 s、5 s 和 30 s,首先对原始数据进行周跳探测,结果如图 3-4 所示。

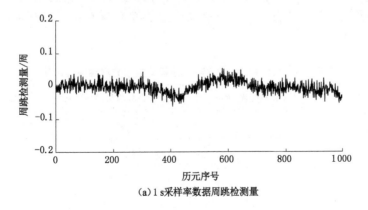

(a)1 s采样率数据周跳检测量

图 3-4 采用相位减伪距法对原始数据的周跳探测结果

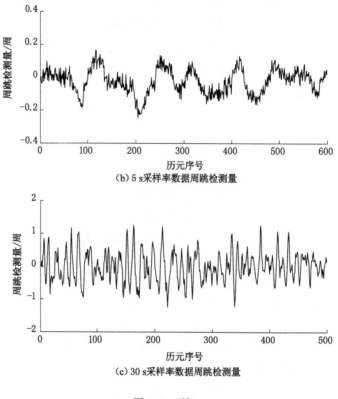

(b) 5 s 采样率数据周跳检测量

(c) 30 s 采样率数据周跳检测量

图 3-4 (续)

从对原始数据的周跳探测结果来看：1 s 采样率时，单频伪距相位法的周跳检测量在 0.1 周范围内，且趋近 0，最大值为 0.061 周；5 s 采样率时，周跳检测量在 0.4 周范围内，且在零值上下有较大幅度的波动；30 s 采样率时，伪距相位法的周跳检测量超过 1 周，最大值达到 1.253 周。因此可以看出：随着采样率的增大，周跳检测量范围有所扩大，会对周跳检测精度产生影响。

由于原始数据无周跳，因此在数据中加入不同大小的周跳并进行模拟探测实验，则不同采样率数据的周跳探测结果如图 3-5 所示，加入周跳的位置和大小以及周跳探测数据分别见表 3-8、表 3-9 和表 3-10。

表 3-8　相位减伪距法对 1 s 采样率数据的周跳探测结果

历元序号	添加的周跳/周	周跳检测量/周	周跳理论值/周
200	1	0.999	1
400	3	2.991	3
600	−2	−2.001	−2
800	−3	−3.022	−3
801	4	4.002	4

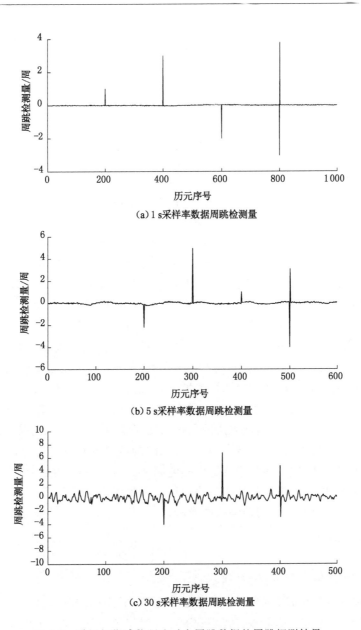

（a）1 s采样率数据周跳检测量

（b）5 s采样率数据周跳检测量

（c）30 s采样率数据周跳检测量

图 3-5　采用相位减伪距法对有周跳数据的周跳探测结果

表 3-9　相位减伪距法对 5 s 采样率数据的周跳探测结果

历元序号	添加的周跳/周	周跳检测量/周	周跳理论值/周
200	−2	−2.192	−2
300	5	4.939	5
400	1	0.996	1
500	−4	−3.998	−4
501	3	3.058	3

表 3-10 相位减伪距法对 30 s 采样率数据的周跳探测结果

历元序号	添加的周跳值/周	周跳检测量/周	周跳理论值/周
75	1	0.101	1
200	−4	−4.063	−4
300	7	6.750	7
400	5	4.784	5
401	−3	−2.950	−3

对周跳探测结果进行分析可知：1 s 采样率时，在第 200 个历元处添加 1 周的周跳值，采用伪距相位法得到的探测误差仅为 0.001 周，因此采用该方法可以探测到小周跳。同时，在第 800 个和第 801 个历元处分别加入 −3 和 4 周的连续周跳，采用伪距相位法得到的探测误差最大值为 0.022 周，探测精度良好，5 s 采样率时，在第 200 个历元处添加 −2 周的周跳，得到探测误差为 0.19 周，在第 500 个和第 501 个历元处分别添加 −4 和 3 周的连续周跳，周跳探测误差最大值为 0.058 周。可以看出：相比 1 s 采样率数据，伪距相位法对 5 s 采样率数据的周跳探测误差有所增大；而 30 s 采样率时，在第 75 个历元处添加 1 周的小周跳时，周跳检测量仅为 0.101 周，无法探测到周跳值，在第 300 个历元处添加 7 周的周跳时，探测误差为 0.25 周，而在第 400 个和第 401 个历元处添加连续周跳时，探测误差最大值为 0.216 周，可以看出：30 s 采样率时，部分历元的周跳检测量已经超出 1 周范围，因此无法对小周跳进行探测，且对较大周跳的探测误差增大，会造成周跳探测失误。

总的来说，1 s 和 5 s 的低采样率时，伪距相位法的周跳探测性能较好，可以探测整周周跳和连续周跳，但在低采样率下，该方法的周跳探测误差不断增大，无法探测到较小的周跳，这是由于采样率较低时，采样间隔增大，相邻历元间的电离层对流层变化加剧，影响伪距观测值随时间的平滑变化，使得周跳检测量中的电离层和对流层延迟残差变大，无法忽略其对周跳检测量的影响，因此要想提高伪距观测值用于周跳探测的精度，需要考虑不同频率间进行组合来进一步削弱观测中时间趋势项的影响。

3.5.4 多普勒积分法

3.5.4.1 多普勒积分法基本原理

由于多普勒观测值是历元时刻的载波相位变化率，在观测过程中，多普勒频移受多路径影响较小，且不受周跳的影响，因此将多普勒观测值对时间进行积分，即可得到一段时间内的载波相位变化量[34]。为了便于计算，一般采用梯形积分的方法进行多普勒积分计算，表达式为：

$$\Delta\varphi^{D} = -\int_{t_n}^{t_{n+1}} D\,\mathrm{d}t = -\frac{D_{n+1}+D_n}{2}\Delta t \tag{3-5}$$

式中，$\Delta\varphi^{D}$ 为多普勒积分计算的载波相位变化量；t_n，t_{n-1} 为第 n 个、第 $n-1$ 个历元对应的时间。

由于多普勒积分值不含周跳，因此将其作为载波相位变化量的理论值，同时对载波相位观测值进行历元间作差，将差值与理论值对比，如果二者之差超出一定范围，就可以认为当前历元的载波相位观测值产生了周跳。据此构造多普勒积分法周跳检测量为：

$$\Delta N_D = \varphi_{n+1} - \varphi_n + \Delta\varphi^{D} + \varepsilon = \varphi_{n+1} - \varphi_n + \frac{D_{n+1}+D_n}{2}\Delta t + \varepsilon \tag{3-6}$$

式中，ΔN_D 为多普勒积分法周跳检测量；φ_{n+1}，φ_n 为第 $n+1$ 个和第 n 个历元的载波相位观测值。

根据误差传播定律，计算多普勒积分法的周跳检测量中误差为：

$$\sigma_{\Delta N_D} = \pm \sqrt{2\sigma_\varphi^2 + 2\sigma_D^2 \left(\frac{\Delta t}{2}\right)^2} \tag{3-7}$$

式中，$\sigma_{\Delta N_D}$ 为多普勒积分法周跳检测量中误差；σ_φ 为载波相位观测精度；σ_D 为多普勒值观测精度。

可以看出：周跳检测量中误差不仅与观测值精度有关，还与采样间隔大小有关，这是由于多普勒积分法是利用相邻历元的多普勒观测值对时间进行积分的，采样间隔越小，积分误差越小，因此在利用多普勒积分进行周跳探测时，周跳探测精度取决于多普勒观测值的精度和数据采样率。虽然多普勒观测值的精度远大于伪距观测值，但是随着采样间隔的增大，多普勒积分误差增大，导致周跳探测精度降低。根据伪距和载波相位观测原理及各项误差对二者的影响，取 $\sigma_\varphi = 0.01$ 周，$\sigma_D = 0.03\text{m/s}$[35]。以 3 倍中误差作为周跳探测阈值，则采样率分别为 1 s、5 s 和 30 s 的多普勒积分法周跳检测量中误差分别为 0.077 周、0.321 周、1.91 周，如果某一个历元的 ΔN_D 的大小超过阈值范围，则认为该历元发生了周跳。

3.5.4.2 算例分析

由于多普勒积分精度受到采样率的影响，为了分析多普勒积分法对不同采样率数据的周跳探测能力，本次实验同样选择北斗 C08 卫星 B1 频率的载波相位和多普勒观测数据，采样间隔分别为 1 s、5 s、30 s，首先对各采样率原始数据进行周跳探测，结果如图 3-6 所示。

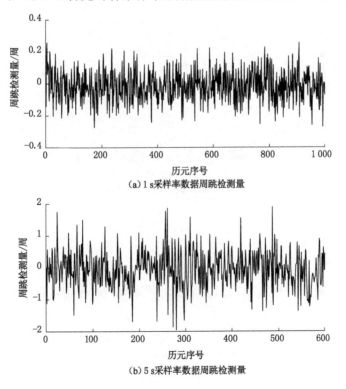

（a）1 s 采样率数据周跳检测量

（b）5 s 采样率数据周跳检测量

图 3 6 多普勒积分法对原始数据的周跳探测结果

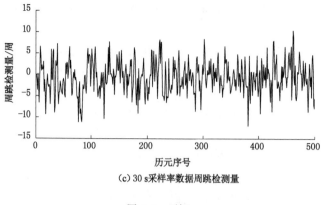

（c）30 s采样率数据周跳检测量

图 3-6 （续）

从对原始数据的周跳探测结果可以看出：1 s采样率时，单频多普勒积分法周跳检测量在（-0.3,0.3)周范围内精度较好，理论上可以探测一周以上的整周周跳，而随着采样率的降低，周跳检测量范围快速增大。30 s采样率时，单频多普勒积分周跳检测量范围扩大到（-15,10)周，最大值已经达到11.928周，这也说明采样间隔越大，多普勒积分误差越大，从而影响周跳探测的精度。

分别在3组数据中加入不同大小的周跳，并利用单频多普勒积分法再次进行周跳探测，结果如图 3-7 所示，添加的周跳位置和大小以及周跳检测量数据分别见表 3-11、表 3-12 和表 3-13。

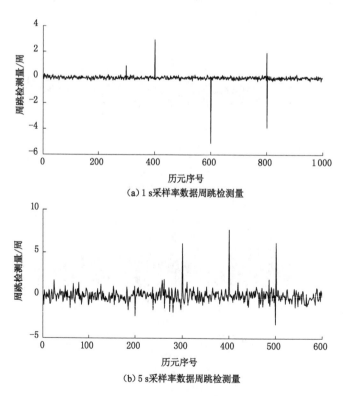

（a）1 s采样率数据周跳检测量

（b）5 s采样率数据周跳检测量

图 3-7 多普勒积分法对有周跳数据的周跳探测结果

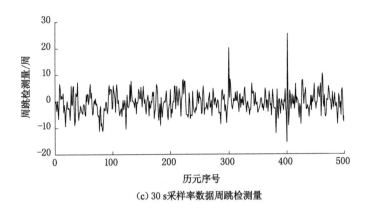

(c) 30 s 采样率数据周跳检测量

图 3-7　(续)

表 3-11　多普勒积分法对 1 s 采样率数据的周跳探测结果

历元序号	添加的周跳/周	周跳检测量/周	周跳理论值/周
300	1	0.912	1
400	3	2.941	3
600	−5	−5.081	−5
800	2	1.933	2
801	−4	−3.880	−4

表 3-12　多普勒积分法对 5 s 采样率数据的周跳探测结果

历元序号	添加的周跳/周	周跳检测量/周	周跳理论值/周
200	−2	−2.378	−2
300	5	6.027	5
400	7	7.664	7
500	−3	−3.351	−3
501	6	6.139	6

表 3-13　多普勒积分法对 30 s 采样率数据的周跳探测结果

历元序号	添加的周跳/周	周跳检测量/周	周跳理论值/周
100	−3	−2.454	−3
200	10	4.520	10
300	20	20.151	20
400	−12	−15.361	−12
401	25	25.441	25

对表 3-11 至表 3-13 中数据进行分析可知:1 s 采样率时,多普勒积分法的周跳探测误差均小于 0.15 周,当对第 300 个历元处添加的 1 周小周跳进行探测时,周跳探测误差仅为 0.088 周,对第 800 个、第 801 个历元处添加的连续周跳进行探测时,探测误差最大值为 0.12 周,周跳探测精度良好,5 s 采样率时,多普勒积分周跳探测误差范围扩大,最小探测误差为 0.139 周,而最大探测误差达到 1.027 周,此时若采用四舍五入方法固定周跳数值,便会出现探测失误,而对 30 s 采样率数据进行周跳探测时,周跳探测误差达到数周,且由于周跳检测量阈值已经大于 1 周,无法固定周跳大小,导致周跳探测失败。可以看出:当采样率较高时,多普勒积分法的周跳探测精度较好,且能对连续周跳进行探测,但随着采样率的降低,其周跳探测精度急剧下降,无法对低采样率观测数据进行周跳探测,因此利用该方法进行周跳探测时,需要保证较高的数据采样率。

3.6 双频周跳探测

3.6.1 MW 组合法

3.6.1.1 MW 组合基本原理

MW 组合利用双频载波相位观测量进行线性组合,构建波长较长的相位组合量,这样在降低电离层延迟、对流层延迟以及接收机硬件延迟等影响的同时,还可以突出周跳对载波相位的影响,从而进行周跳探测和修复。MW 组合观测量是由同一历元的宽巷相位组合值减窄巷伪距组合值求得的,适用于实时周跳探测。

MW 组合观测方程式为:

$$L_{\mathrm{MW}} = \varphi_{\mathrm{WL}} - P_{\mathrm{NL}} = \frac{f_1\lambda_1\varphi_1 - f_2\lambda_2\varphi_2}{f_1 - f_2} - \frac{f_1 P_1 + f_2 P_2}{f_1 + f_2} \tag{3-8}$$

式中,L_{MW} 为 MW 组合值;φ_{WL} 为宽巷相位组合值;P_{NL} 为窄巷伪距组合值;f_1,f_2 为 B1 和 B2 载波频率,将方程两端同除以组合波长可得:

$$N_{\mathrm{MW}} = L_{\mathrm{MW}}/\lambda_{\mathrm{MW}} = \varphi_1 - \varphi_2 - \frac{f_1 - f_2}{f_1 + f_2}\left(\frac{P_1}{\lambda_1} + \frac{P_2}{\lambda_2}\right) = (N_1 - N_2) + \varepsilon \tag{3-9}$$

式中,N_{MW} 为 MW 组合法的周跳检测量;N_1,N_2 为 L1 和 L2 频率的整周模糊度;λ_{MW} 为双频组合波长,$\lambda_{\mathrm{MW}} = c/(f_1 - f_2)$。

对式(3-9)在历元间求差,可得 MW 组合周跳检测量,表达式为:

$$\Delta N_{\mathrm{MW}} = (\Delta N_1 - \Delta N_2) + \Delta\varepsilon \tag{3-10}$$

式中,ΔN_{MW} 为历元间组合周跳值;ΔN_1,ΔN_2 为 B1 和 B2 频率周跳值;$\Delta\varepsilon$ 为历元间观测噪声差值,其值较小,可以忽略不计。

ΔN_{MW} 值消除了宽巷模糊度,当前历元无周跳发生时,ΔN_{MW} 数值为 0。

在实际解算过程中,为了降低解算误差,采用递推方法求得各个历元宽巷模糊度的平均值 $\bar{N}_{\mathrm{MW}}$ 和周跳检测量均方差 σ 的表达式:

$$\bar{N}_{\mathrm{MW}}(n) = \bar{N}_{\mathrm{MW}}(n+1) + \frac{1}{n}\left[N_{\mathrm{MW}}(n) - \bar{N}_{\mathrm{MW}}(n-1)\right] \tag{3-11}$$

$$\sigma_{\mathrm{MW}}^2(t) = \sigma_{\mathrm{MW}}^2(t-1) + \frac{1}{t}\left\{\left[N_{\mathrm{MW}}(t) - \bar{N}_{\mathrm{MW}}(t-1)\right]^2 - \sigma_{\mathrm{MW}}^2(t-1)\right\} \tag{3-12}$$

式中,n 为观测历元序号;$\bar{N}_{\mathrm{MW}}(n)$ 为前 n 个历元周跳检测量平均值;$N_{\mathrm{MW}}(n)$ 为第 n 个历元的 MW 组合周跳检测量;$\sigma_{\mathrm{MW}}(n)$ 为前 n 个历元周跳检测量均方差。

若当前历元同时满足以下两个条件,则认为存在周跳,条件表达式为:

$$\left|N_{\mathrm{MW}}(n) - \bar{N}_{\mathrm{MW}}(n-1)\right| \geqslant 4\sigma_{\mathrm{MW}}(n-1) \tag{3-13}$$

$$\left|N_{\mathrm{MW}}(n) - N_{\mathrm{MW}}(n-1)\right| \geqslant 1 \tag{3-14}$$

3.6.1.2　算例分析

为了检验 MW 组合的周跳探测能力,选择北斗系统 C16 卫星 B1、B2 频率的伪距和载波相位观测数据,采样间隔为 30 s,首先对原始数据进行周跳探测,结果如图 3-8 所示。

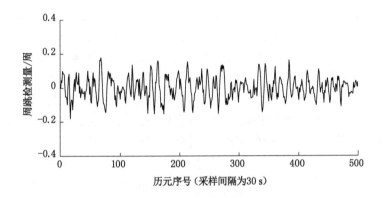

图 3-8　MW 组合对原始数据的周跳探测结果

从图 3-8 可以看出:MW 组合周跳检测量在$(-0.2,0.2)$周范围内,且在 0 上下波动,周跳检测量较为稳定。

在原始数据中加入 6 组不同类型的周跳并再次进行实验,周跳探测结果如图 3-9 所示,加入周跳的位置和大小及周跳探测数据见表 3-14。

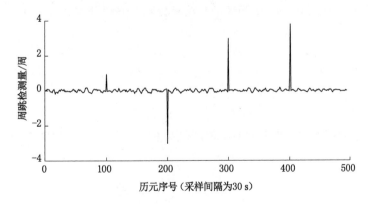

图 3-9　MW 组合对有周跳数据的周跳探测结果

表 3-14　MW 组合对有周跳数据的周跳探测结果

历元序号	添加的周跳值/周		周跳检测量/周	理论值/周
	B1	B2		
100	1	0	0.935	1
200	0	3	-3.006	-3
300	6	3	2.976	3
350	2	2	-0.079	0
400	2	1	0.929	1
401	1	-3	3.997	4

从表 3-14 可以看出:除了第 350 个历元处添加的大小为(2,2)的周跳外,其余各位置处的周跳检测量均出现突变,对表中的周跳探测结果分析可知:在第 100 个历元处添加 1 周的小周跳时,MW 组合法能准确探测到周跳,探测误差为 0.065 周,在第 300 个历元处添加(6,3)的双频周跳时,MW 组合的周跳探测误差为 0.024 周,而在第 350 个历元处加入相同大小的双频周跳,此时 MW 组合周跳检测量为 -0.079 周,无法检测到周跳,这是由于 MW 组合中的双频载波相位组合系数为(1,-1),当两个频率上的周跳比值近似等于载波相位组合系数的比值时,MW 组合无法对其进行有效探测,由此便产生了周跳探测盲点,这也是利用多频观测值线性组合进行周跳探测的不足之处,另外在第 400 个、第 401 个历元处添加连续周跳,MW 组合的周跳探测误差小于 0.1 周,且由于 MW 组合法不进行历元间作差,相邻历元间的周跳检测量互不影响,因此可以对连续周跳进行探测。总的来看,利用 MW 组合对 30 s 采样率数据进行双频周跳探测时,周跳探测误差小于 0.1 周,周跳探测精度良好,但是存在探测盲点。

3.6.2　电离层残差法

3.6.2.1　电离层残差法基本原理

电离层残差法根据相邻历元间电离层残差的变化量来确定是否发生周跳,能有效削弱测量噪声和多路径效应。B1 和 B2 频率的载波相位观测方程分别为:

$$\varphi_1 = \lambda_1 \varphi_1 = \rho + c(\Delta t_u - \Delta t^s) + \lambda_1 N_1 - I_1 + T + \varepsilon_\varphi \tag{3-15}$$

$$\varphi_2 = \lambda_2 \varphi_2 = \rho + c(\Delta t_u - \Delta t^s) + \lambda_2 N_2 - I_2 + T + \varepsilon_\varphi \tag{3-16}$$

首先将双频观测值进行线性组合,利用式(3-16)减去式(3-15)可得到同一历元双频伪距观测差值:

$$\Delta\varphi_{12} = \lambda_1 \varphi_1 - \lambda_2 \varphi_2 = \lambda_1 N_1 - \lambda_2 N_2 - I_1 + I_2 + \varepsilon \tag{3-17}$$

式中,$\Delta\varphi_{12}$ 为 B1、B2 频率的伪距作差值,将上式两端同时除以 λ_1 即可得到电离层残差周跳检测量:

$$\varphi_{PIR} = \frac{\Delta\varphi_{12}}{\lambda_1} = N_1 - \frac{\lambda_2}{\lambda_1} N_2 + \Delta I_{12} + \varepsilon \tag{3-18}$$

式中,φ_{PIR} 为电离层残差构造量;ΔI_{12} 为电离层残差项,$\Delta I_{12} = \frac{f_2^2 - f_1^2}{f_2^2} \cdot \frac{I_1}{c f_1}$。

对式(3-18)进行历元间作差即得到电离层残差周跳检测量,表达式为:

$$\Delta N_{\text{PIR}}(n+1) = \varphi_{\text{PIR}}(n+1) - \varphi_{\text{PIR}}(n) = \Delta N_1 - \frac{\lambda_2}{\lambda_1}\Delta N_2 + \Delta_{\text{ion}} + \varepsilon \qquad (3\text{-}19)$$

式中，ΔN_{PIR} 为电离层残差周跳检测量；Δ_{ion} 为历元间电离层残差值，$\Delta_{\text{ion}} = \Delta I_{12}(n+1) - \Delta I_{12}(n)$。

在无周跳情况下，$\Delta N_{\text{PIR}} = \Delta_{\text{ion}} + \varepsilon$，在电离层稳定情况下，忽略微小观测误差的影响，电离层变化量为 0，即 $\Delta N_{\text{PIR}} = 0$。

假设在 B1 和 B2 频率上分别发生 ΔN_1 和 ΔN_2 的周跳，则此时电离层残差周跳检验量约为：

$$\Delta N_{\text{PIR}} \approx \Delta N_1 - \frac{\lambda_2}{\lambda_1}\Delta N_2 \qquad (3\text{-}20)$$

由误差传播率可知周跳检测量 ΔN_{PIR} 的中误差为：

$$\sigma_{\text{PIR}} = \pm\sqrt{\sigma_\varphi^2 + \left(\frac{\lambda_2}{\lambda_1}\right)^2\sigma_\varphi^2 + \sigma_\varphi^2 + \left(\frac{\lambda_2}{\lambda_1}\right)^2\sigma_\varphi^2} = 2.3\sigma_\varphi \qquad (3\text{-}21)$$

式中，σ_{PIR} 为电离层残差法的周跳检测量中误差。

取 $\sigma_\varphi = 0.01$ 周，则 $\sigma_{\text{PIR}} = 2.3m_\varphi = 0.023$ 周，取 3 倍中误差为极限误差，则理论上可探测出 0.07 个周期以上的周跳值，这是在采样率较高时，认为电离层延迟在相邻历元间无变化，且忽略了观测噪声等因素的影响，而当采样率较低时，电离层延迟在历元间变化较大，无法忽略电离层残差项，同时考虑方程组需要满足单频整周周跳解算要求，则电离层残差法周跳检测量阈值应小于双频组合系数之差（0.28），因此将 30 s 采样率时电离层残差法周跳探测的阈值分别设为 0.1 周。

3.6.2.2　算例分析

为了研究电离层残差法的周跳探测能力，选择 C16 卫星 B1、B2 频率的观测数据，采样间隔分别为 30 s，首先利用电离层残差法对原始数据进行周跳探测，探测结果如图 3-10 所示。

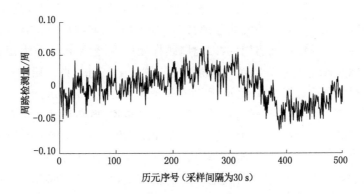

图 3-10　电离层残差法对原始数据的周跳探测结果

由图 3-10 可以看出：电离层残差周跳检测量在 0.1 周范围内，为了验证该方法对不同类型周跳的探测能力，在原始数据中加入几组双频周跳并再次进行周跳探测，结果如图 3-11 所示，其中周跳数据见表 3-15。

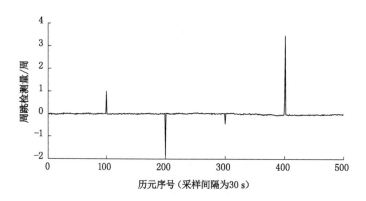

图 3-11 电离层残差法对有周跳数据的周跳探测结果

表 3-15 电离层残差法对有周跳数据的周跳探测结果

历元序号	添加的周跳/周		周跳检测量/周	理论值/周
	B1 频率	B2 频率		
100	1	0	0.997	1.000
200	2	3	−1.856	−1.880
300	6	5	−0.43	−0.466
370	31	24	−0.047	−0.037
400	2	1	0.678	0.707
401	−3	−5	3.461	3.466

由周跳探测结果可知:在第 100 个历元处添加 1 周的小周跳时,电离层残差法的周跳探测误差仅为 0.003 周,在第 200 个、第 300 个历元处添加不同大小的双频周跳时,该方法均能有效探测出来,而在第 370 个历元处分别在两个频率上添加(31,24)周的周跳时,周跳检测量未超过阈值范围,不能探测出周跳,因此周跳探测失误,这是由于电离层残差法的双频载波相位组合系数为(λ_1,$-\lambda_2$),当双频周跳的比值约为 λ_2/λ_1 时,电离层残差法存在周跳探测盲点,其周跳检测量均近似为 0,此外,通过在第 400 个、第 401 个历元处的周跳探测结果可以看出该方法可以对连续周跳进行有效探测。总的来说,电离层残差法具有良好的周跳探测性能,可以探测不同大小的双频周跳,但存在周跳比值为 λ_2/λ_1 的周跳探测盲点。

此外,为了验证该方法在电离层活跃环境中的周跳探测能力,再利用电离层活跃期间的观测数据进行实验,由于地磁暴会引起电离层的剧烈变化,通过空间环境预报中心查询可知:2021 年 11 月 4 日发生了地磁暴,磁暴期 Dst 指数最低值为 −150.8 nT,Kp 指数为 7,磁暴强度为大等级。选择磁暴环境中香港昂坪站(HKNP)对 C16 卫星的观测数据,采样率为 30 s,首先对原始数据进行周跳探测实验,结果如图 3-12 所示。

由图 3-12 可以看出:在电离层活跃环境下,电离层残差法的周跳检测量发生了急剧变化,周跳检测量不再趋近 0,稳定性较差,且最大值达到 0.177 周,这也会影响周跳探测精度。

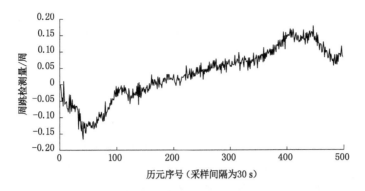

图 3-12 磁暴环境中电离层残差法对原始数据的周跳探测结果

在原始数据中加入同样的双频周跳并再次进行周跳探测实验,结果如图 3-13 所示,其中周数据见表 3-16。

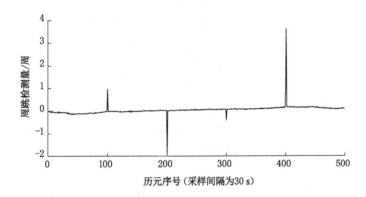

图 3-13 磁暴环境中电离层残差法对有周跳数据的周跳探测结果

表 3-16 磁暴环境中电离层残差法对有周跳数据的周跳探测结果

历元序号	周跳值/周		周跳检测量/周	理论值/周
	B1 频率	B2 频率		
100	1	0	0.963	1.000
200	2	3	−1.848	−1.880
300	6	5	−0.411	−0.466
370	31	24	0.070	−0.037
400	2	1	0.855	0.707
401	−3	−5	3.611	3.466

对周跳探测的结果进行分析可知:在电离层活跃环境中,除了无法探测到不敏感周跳以外,该方法均能将其余历元的周跳探测出来,在第 100 个历元处添加 1 周的小周跳时,周跳探测误差为 0.037 周,但在对第 400 个、第 401 个历元处的连续周跳进行探测时,最大探测误差达到 0.149 周,可以看出周跳探测精度很不稳定,并且能推断出在电离层变化剧烈的情况下,某些历元的周跳探测误差会超出阈值,从而导致周跳探测失误,因此在电离层活跃环

境中,电离层残差法的周跳探测精度较差,需要考虑改进方法以便进一步减弱电离层变化对周跳探测的影响。

3.6.3 STPIR 法

3.6.3.1 STPIR 法基本原理

由于电离层残差受采样间隔影响大,对于低采样率数据,利用电离层残差在历元间作二次差的方法降低电离层的时间变化趋势,从而通过作差可以大幅度减弱或消除电离层误差、对流层误差以及卫星钟和接收机钟的钟差[36]。相位电离层残差周跳检测量为式(3-20),而对式(3-20)进行历元间二次作差得到 STPIR 法周跳检测量:

$$\Delta N_{\text{STPIR}}(n) = \Delta N_{\text{PIR}}(n) - \Delta N_{\text{PIR}}(n-1) = \varphi_{\text{PIR}}(n) - 2\varphi_{\text{PIR}}(n-1) + \varphi_{\text{PIR}}(n-2) + \varepsilon_{\text{ion}} + \varepsilon \tag{3-22}$$

式中,ΔN_{STPIR} 为 STPIR 法周跳检测量;ε_{ion} 为二阶电离层残差项,$\varepsilon_{\text{ion}} = \Delta_{\text{ion}}(n) - \Delta_{\text{ion}}(n-1)$。

在历元间二次差分后的周跳检测量中,电离层变化影响明显小于一次差分值,且始终在 0 值附近波动,从而更有利于周跳探测。STPIR 法周跳检测量中误差为:

$$\sigma_{\text{STPIR}} = \pm\sqrt{2\left[\sigma_\varphi^2 + \left(\frac{\lambda_2}{\lambda_1}\right)^2\sigma_\varphi^2 + \sigma_\varphi^2 + \left(\frac{\lambda_2}{\lambda_1}\right)^2\sigma_\varphi^2\right]} = 3.25\sigma_\varphi \tag{3-23}$$

式中,σ_{STPIR} 为 STPIR 法周跳检测量中误差。

由误差传播率可得 $\sigma_{\text{STPIR}} = 0.0325$ 周,取 3 倍中误差为极限误差,则理论上可探测出 0.1 周以上的周跳值,考虑不同采样率时历元间电离层变化的影响和周跳探测精度,同样将 30 s 采样率时 STPIR 法周跳探测阈值分别设为 0.2。

3.6.3.2 算例分析

为了便于对比分析电离层残差法和 STPIR 法的周跳探测性能,选择电离层残差法所用的观测数据进行 STPIR 法周跳探测实验,首先对正常环境中的原始数据进行周跳探测实验,结果如图 3-14 所示。

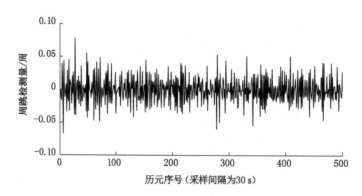

图 3-14　STPIR 法对原始数据的周跳探测结果

由图 3-14 可以看出:STPIR 法周跳检测量在 0.1 周范围内,且严格趋近 0,数据质量良好。对原始数据添加和电离层残差法相同的周跳值,进行周跳探测实验,结果如图 3-15 所示,周跳数据见表 3-17。

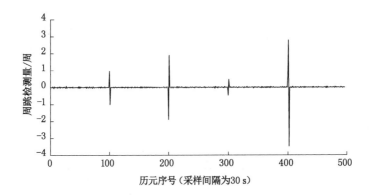

图 3-15　STPIR 法对有周跳数据的周跳探测结果

表 3-17　STPIR 法对有周跳数据的周跳探测结果

历元序号	周跳值/周		周跳检测量/周	理论值/周
	B1 频率	B2 频率		
100	1	0	0.963	1.000
200	2	3	−1.887	−1.880
300	6	5	−0.468	−0.466
370	31	24	−0.042	−0.037
400	2	1	0.707	0.707
401	−3	−5	2.783	2.759

由于 STPIR 法的周跳检测量是对电离层残差在历元间进行二次作差所得到的,因此 STPIR 法与电离层残差法有相似的特性,这一点可以从周跳探测结果得到证实,从周跳探测结果来看,在第 370 个历元处加入(31,24)周的双频周跳时,STPIR 法不能有效探测到周跳,存在周跳探测盲点,而其余各位置的周跳均能探测到,且探测误差小于 0.05 周,周跳探测精度良好。

另外,为了验证在电离层变化剧烈的环境中该方法的周跳探测性能,利用该方法对磁暴环境中的数据进行周跳探测,先对原始数据进行周跳探测,结果如图 3-16 所示。

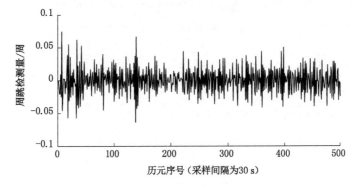

图 3-16　磁暴环境中 STPIR 法对原始数据的周跳探测结果

由图 3-16 可以看出：STPIR 法的周跳检测量仍然在 0 值上下波动,稳定性良好,整体数值大小在 0.1 周范围内,最大的周跳检测量为 0.074 周,满足整周周跳的探测要求。

在原始数据中加入同样的周跳值进行周跳探测,结果如图 3-17 所示,有周跳的历元数据见表 3-18。

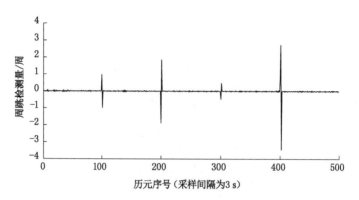

图 3-17　磁暴环境中 STPIR 法对有周跳数据的周跳探测结果

表 3-18　磁暴环境中 STPIR 法对有周跳数据的周跳探测结果

历元序号	周跳值/周		周跳检测量/周	理论值/周
	B1 频率	B2 频率		
100	1	0	0.968	1.000
200	2	3	−1.871	−1.880
300	6	5	−0.471	−0.466
370	31	24	−0.031	−0.037
400	2	1	0.717	0.707
401	−3	−5	2.756	2.759

对周跳探测结果进行分析可知：在电离层活跃环境下,STPIR 法仍然可以探测 1 周的小周跳,探测误差为 0.032 周。除了不敏感周跳组合外,STPIR 法可以探测到其余全部周跳,且周跳探测误差最小值仅为 0.004 周,最大探测误差为 0.01 周,周跳探测精度良好。可以看出：通过历元间二次作差,STPIR 法进一步减弱了电离层变化对周跳探测的影响,周跳检测量更加稳定,满足恶劣条件下对 BDS 系统载波相位观测数据的周跳探测要求。

3.6.4　双频多普勒积分法

3.6.4.1　双频多普勒积分法基本原理

多普勒观测值用于单频周跳探测较为简单,通过多普勒积分法计算历元间载波相位变化量并与实际载波相位变化量作差,即可判断是否产生了周跳。在对高采样率的单频数据进行周跳探测时,多普勒积分法的周跳探测精度良好,而要将多普勒积分法用于双频周跳探测,必须构造一种双频组合周跳检测量,而多普勒积分计算的是单一频率的载波相位变化量,由于两个频率的波长不同,多普勒积分值不能直接进行组合,因此本章提出一种思想:利用多普勒积分值计算伪距变化量,即根据单一频率的多普勒积分值计算历元间载波相位变化量,再利用此数值计算伪距变化量,将两个频率上计算的伪距变化量进行线性组合构造窄巷伪距,同时利用双频载波相位观测值构造宽巷相位,利用宽巷相位减窄巷伪距的方法构建周跳检测量,从而进行双频周跳探测,下面对其进行理论推导。

根据多普勒积分公式,利用多普勒积分计算历元间伪距变化量,表达式为:

$$\Delta P^{D} = -\lambda \frac{D_{n+1} + D_n}{2} \Delta t = -\lambda \bar{D} \Delta t \tag{3-24}$$

式中,ΔP^{D} 为利用多普勒积分计算的历元间伪距变化量;$\bar{D}$ 为相邻两个历元多普勒观测值的平均值。

根据 MW 组合原理,首先利用双频伪距变化量构建窄巷伪距组合值,公式为:

$$\Delta P_{NL} = \frac{f_1 \Delta P_1^{D} + f_2 \Delta P_2^{D}}{f_1 + f_2} \tag{3-25}$$

式中,ΔP_{NL} 为多普勒积分计算的窄巷伪距组合值。

利用载波相位观测值构建宽巷相位组合值,表达式为:

$$\Delta \varphi_{WL} = \Delta \varphi_1 - \Delta \varphi_2 \tag{3-26}$$

式中,$\Delta \varphi_{WL}$ 为历元间载波相位变化量构建的宽巷相位组合值;$\Delta \varphi_1$,$\Delta \varphi_2$ 分别为单一频率上的历元间载波相位变化量。

利用宽巷相位减窄巷伪距组合值构造双频周跳探测方程,表达式为:

$$\Delta L_{MW} = \lambda_{MW} \Delta \varphi_{WL} - \Delta P_{NL} = \frac{f_1 \lambda_1 \Delta \varphi_1 - f_2 \lambda_2 \Delta \varphi_2}{f_1 - f_2} - \frac{f_1 \Delta P_1 + f_2 \Delta P_2}{f_1 + f_2} \tag{3-27}$$

式中,ΔL_{MW} 为伪距相位组合量,将式(3-27)两端同除以组合波长,即可得到当前历元的双频多普勒积分法周跳检测量,表达式为:

$$\Delta N_{D2} = \Delta L_{MW} / \lambda_{MW} = (\Delta \varphi_1 - \Delta \varphi_2) - \frac{f_1 - f_2}{f_1 + f_2} \left(\frac{\Delta P_1}{\lambda_1} + \frac{\Delta P_2}{\lambda_2} \right)$$

$$= (\Delta \varphi_1 - \Delta \varphi_2) + \frac{f_1 - f_2}{f_1 + f_2} (\bar{D}_1 + \bar{D}_2) \Delta t = (\Delta N_1 - \Delta N_2) + \varepsilon \tag{3-28}$$

根据误差传播原理计算周跳检测量的中误差为:

$$\sigma_{\Delta N_{D2}} = \sqrt{2\sigma_{\varphi}^2 + (\Delta t)^2 \sigma_D^2} \tag{3-29}$$

式中,$\sigma_{\Delta N_{D2}}$ 为双频多普勒积分周跳探测中误差,同样以 3 倍中误差为周跳探测的阈值,由于中误差大小与采样间隔有关,因此不同采样率数据有不同大小的阈值,这也就意味着该方法对不同采样率数据的周跳探测精度有所不同。通过计算可知,1 s 采样率时双频多普勒积分法周跳检测量中误差为 0.032 周,因此设定周跳检测量阈值为 0.1 周。

3.6.4.2 算例分析

选择北斗 C16 卫星 1 s 采样率的双频数据进行实验,原始数据的周跳探测结果如图 3-18 所示。

在数据中添加表中同样的周跳并进行周跳探测,结果如图 3-19 所示,周跳探测数据见表 3-19。

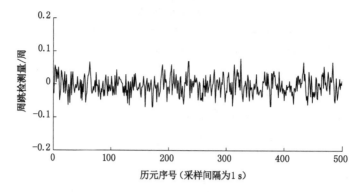

图 3-18 双频多普勒积分法对原始数据的周跳探测结果

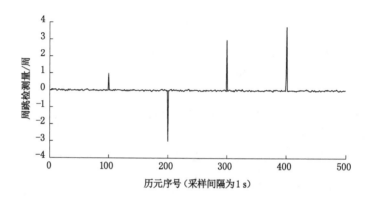

图 3-19 双频多普勒积分法对有周跳数据的周跳探测结果

表 3-19 双频多普勒积分法对有周跳数据的周跳探测结果

历元序号	添加的周跳/周		周跳检测量/周	周跳理论值/周
	B1	B2		
100	1	0	0.980	1
200	0	3	−3.007	−3
300	6	3	2.972	3
350	2	2	−0.013	0
400	2	1	0.985	1
401	1	−3	3.953	4

由表 3-19 可以看出:双频多普勒积分法对 1 s 采样率数据的周跳探测精度良好,周跳探测误差小于 0.1 周,并且可以探测到不同大小的周跳及连续周跳,对 1 周的小周跳,探测误差仅为 0.02 周。另外,由于双频多普勒积分法与 MW 组合有着相同的载波相位组合系数,因此二者存在相同的周跳探测盲点,即无法探测到 2 个频率上相同大小的周跳。总的来说,双频多普勒积分法对高采样率数据的周跳探测能力较好,但随着采样率的降低,多普勒积分误差急剧增大,而双频组合波长已经不再具有优势,导致周跳探测误差增大甚至无法固定周

跳值。

3.6.5 组合方法周跳探测

在双频周跳探测中,为了提高周跳探测精度,通常将双频观测值进行线性组合构造周跳检测量,这种周跳检测量可以更广泛地适应周跳探测的要求,但同时也将各频率上的周跳融合在一起,这种情况下仅靠一组周跳检测量无法得到单一频率上的周跳值。另外,由于对双频载波相位观测值进行了线性组合,虽然各种方法的组合系数有所不同,但是每种方法均有自己的周跳探测盲点,即当两个频率上的周跳比值近似等于组合系数比值的相反数时,该方法无法检测到此种类型的周跳,因此在进行双频周跳探测时,通常同时构造两组组合系数不同的周跳检测量,这样可以弥补单一方法的周跳探测盲点,提高周跳探测能力,还可以构建周跳解算方程组,通过最小二乘等方法解算单频周跳值。

根据不同方法的组合系数和周跳探测性能,可以选择 MW 组合和 STPIR 法组成双频周跳探测的组合方法,根据组合系数构建周跳解算方程组:

$$\begin{cases} \Delta N_1 - \Delta N_2 = \text{round}(\Delta N_{\text{MW}}) \\ \Delta N_1 - \dfrac{\lambda_2}{\lambda_1}\Delta N_2 = \Delta N_{\text{STPIR}} \end{cases} \tag{3-30}$$

式中,round(ΔN_{MW})是对 MW 组合周跳检测量四舍五入取整作为双频组合周跳值,通过解方程组即可得到单频周跳值并进行周跳修复。

3.7 三频周跳探测

最早的 GPS 系统只有 L1 和 L2 两个信号,且只能提供双频观测数据,在 GPS 现代化之后,新增加了 L5 频率,这才使得 GPS 系统可以提供三频民用观测数据。相比之下,北斗二号系统建立之初就设计了 3 个频段的服务信号,而北斗三号在北斗二号的基础上对信号进行了改进和优化,因此北斗系统拥有了多样化的服务信号,在提升信号性能的同时为用户提供了丰富的观测数据。当前,随着 GNSS 多频接收机硬件的提升和成本的降低,三频和多频接收机逐渐普及,三频甚至四频定位技术成为现实,因此对三频载波相位周跳探测的研究不可或缺。下面对三频周跳探测方法进行研究。

3.7.1 伪距相位组合法

3.7.1.1 伪距相位组合法基本原理

伪距相位组合法与 MW 组合相似,利用三频伪距和载波相位观测值进行线性组合,在获取波长较长的载波相位构造量的同时,尽可能减小伪距和载波相位观测误差对周跳探测的影响,并通过历元间作差确定周跳产生的位置,从而更有效地探测和修复周跳。

首先构建三频组合伪距和载波相位观测方程,考虑观测过程中的多路径延迟和硬件延迟等误差,则表达式分别为:

$$P_{abc} = \rho + l_{abc}I_1 + T_{abc} + d_{abc} + m_{abc} + \varepsilon_{abc} \tag{3-31}$$

$$\lambda_{ijk}\varphi_{ijk} = \rho + l_{ijk}I_1 + T_{ijk} + d_{ijk} + m_{ijk} + \lambda_{ijk}N_{ijk} + \varepsilon_{ijk} \tag{3-32}$$

$$P_{abc} = aP_1 + bP_2 + cP_3$$

$$\varphi_{ijk} = i\varphi_1 + j\varphi_2 + k\varphi_3$$

$$l_{abc} = a + b\left(\frac{\lambda_2}{\lambda_1}\right)^2 + c\left(\frac{\lambda_3}{\lambda_1}\right)^2$$

$$l_{ijk} = \frac{\lambda_{ijk}}{\lambda_1}\left(i + j\frac{\lambda_2}{\lambda_1} + k\frac{\lambda_3}{\lambda_1}\right)$$

$$\lambda_{ijk} = \frac{c}{if_1 + jf_2 + kf_3}$$

式中，P_{abc} 为三频伪距组合观测量；φ_{ijk} 为载波相位组合观测量，a、b、c 为三频伪距组合系数，且 $a+b+c=1$，$a \in \boldsymbol{R}$，$b \in \boldsymbol{R}$，$c \in \boldsymbol{R}$；i，j，k 为三频载波相位组合系数，$i \in \boldsymbol{Z}$，$j \in \boldsymbol{Z}$，$k \in \boldsymbol{Z}$；l_{abc} 为三频伪距组合的电离层残差系数；l_{ijk} 为载波相位组合的电离层残差系数；T_{abc}，T_{ijk} 分别为伪距和相位组合观测量的对流层延迟；d_{abc}，d_{ijk} 分别为伪距和相位组合观测量的硬件延迟项；m_{abc}，m_{ijk} 为伪距和相位组合观测量的多路径误差；ε_{abc}，ε_{ijk} 为伪距和载波相位组合观测量的观测噪声；λ_{ijk} 为组合观测波长，N_{ijk} 为相位组合观测量的整周模糊度，$N_{ijk} = iN_1 + jN_2 + kN_3$。

将式(3-32)减去式(3-31)，并在两端同除以组合波长，求得相位组合观测量的整周模糊度：

$$N_{ijk} = \varphi_{ijk} - \frac{P_{abc}}{\lambda_{ijk}} + \frac{l_{ijk} + l_{abc}}{\lambda_{ijk}}I_1 - \frac{T_{ijk} - T_{abc} + m_{ijk} - m_{abc} + d_{ijk} - d_{abc}}{\lambda_{ijk}} - \frac{\varepsilon_{ijk} - \varepsilon_{abc}}{\lambda_{ijk}} \quad (3-33)$$

对式(3-33)在历元间作差，由于接收机硬件延迟较固定，对流层延迟和多路径效应在历元间变化缓慢，因此作差后二者可忽略不计，最终得到三频伪距相位组合周跳检测量为：

$$\Delta N_{ijk} = \Delta\varphi_{ijk} - \frac{\Delta P_{abc}}{\lambda_{ijk}} + \frac{l_{ijk} + l_{abc}}{\lambda_{ijk}}\Delta I_1 - \frac{\Delta\varepsilon_{ijk} - \Delta\varepsilon_{abc}}{\lambda_{ijk}} \quad (3-34)$$

式中，ΔN_{ijk} 为伪距相位组合周跳检测量；$\Delta\varphi_{ijk}$ 为历元间相位组合观测量的差值；ΔP_{abc} 为历元间伪距组合观测量的差值，$\Delta P_{abc} = a\Delta P_1 + b\Delta P_2 + c\Delta P_3$；$\Delta I_1$ 为历元间 f_1 频率的电离层延迟变化量；$\Delta\varepsilon_{ijk}$，$\Delta\varepsilon_{abc}$ 为历元间相位和伪距组合观测噪声变化量，当电离层变化不大时，式(3-34)中电离层延迟变化量 ΔI_1 和观测噪声变化量 $\Delta\varepsilon$ 可以忽略不计，则此时周跳检测量为：

$$\Delta\hat{N}_{ijk} = \Delta\varphi_{ijk} - \frac{\Delta P_{abc}}{\lambda_{ijk}} \quad (3-35)$$

式中，$\Delta\hat{N}_{ijk}$ 为忽略观测噪声和电离层残差的伪距相位组合周跳检测量。

根据伪距相位组合系数可得到周跳检测量中误差：

$$\sigma_{\Delta\hat{N}} = \sqrt{2}\sqrt{(i^2 + j^2 + k^2)\sigma_\varphi^2 + (a^2 + b^2 + c^2)\sigma_P^2/\lambda_{ijk}^2} \quad (3-36)$$

式中，$\sigma_{\Delta\hat{N}}$ 为伪距相位组合周跳检测量中误差。

根据伪距和载波相位观测值精度计算周跳检测量中误差，并以 3 倍中误差作为周跳探测阈值进行周跳探测。

3.7.1.2 组合系数选取

三频伪距相位组合需要获取波长较长的宽巷相位组合值，同时应尽可能降低多路径效应和电离层延迟变化对周跳探测的影响，提高组合周跳检测量取整成功率，因此在进行组合系数选取时，应满足以下条件：(1) 组合波长 λ_{ijk} 较长；(2) 电离层延迟 $(l_{ijk} + l_{abc})/\lambda_{ijk}$ 影响较小；(3) 周跳检测量中误差 $\sigma_{\Delta\hat{N}}$ 较小[37]。

伪距相位组合周跳检测量的电离层延迟系数可表示为：

$$\kappa = \frac{l_{ijk} + l_{abc}}{\lambda_{ijk}} = \frac{1 + l_{abc}}{\lambda_1}\left(i + j\,\frac{\lambda_2^2 + \lambda_1^2 l_{abc}}{\lambda_1\lambda_2 + \lambda_1\lambda_2 l_{abc}} + k\,\frac{\lambda_3^2 + \lambda_1^2 l_{abc}}{\lambda_1\lambda_3 + \lambda_1\lambda_3 l_{abc}}\right) \tag{3-37}$$

可见三个条件均与伪距和载波相位组合系数有关,其中三频伪距组合采用等权模型,即 $a = b = c = \frac{1}{3}$,此时组合伪距的电离层残差系数 $l_{abc} = 1.445$,则电离层延迟系数可表示为 $\kappa = 12.85 \times (i + 0.989j + 0.984k)$,若要其值最小,则需要使 $|i + j + k|$ 较小,综合三个条件对组合系数的要求,设定 [−10,10] 为三频载波相位组合系数的搜索区间,且以组合波长大于 $3m$、$|i + j + k| \leqslant 2$ 和 $\sigma_{\Delta \hat{N}} \leqslant 0.2$ 为搜索条件进行搜索,其中满足条件的所有组合系数见表 3-20。

表 3-20　较优的三频伪距相位组合系数

序号	各频率系数			组合波长/m	电离层延迟系数	中误差/周
	B1C	B2a	B3			
1	−5	−3	9	29.305	11.4	0.152
2	−4	0	5	7.326	11.809	0.097
3	−3	3	1	4.186	12.218	0.085
4	−2	−7	9	9.768	−0.885	0.166
5	−2	7	−4	29.305	12.694	0.118
6	−1	−4	5	4.884	−0.476	0.104
7	−1	10	−8	7.326	13.103	0.185
8	0	−1	1	3.256	−0.067	0.078
9	1	3	−4	9.768	0.409	0.076
10	2	−8	5	3.663	−12.761	0.152
11	3	−4	0	14.653	−12.285	0.073
12	4	−1	−4	5.861	−11.876	0.091
13	5	2	−8	3.663	−11.467	0.152

从表 3-20 中数据选择三组最优的系数组合,这样可以构建周跳解算方程组,解算单频周跳并进行修复,其中系数 (−1,−4,5)、(0,−1,1)、(1,3,−4) 的组合在保证电离层延迟和周跳检测量中误差较小的前提下,组合波长较长,因此选择这三组为三频伪距相位组合系数,组合 1 系数为 (−1,−4,5),组合 2 系数为 (0,−1,1),组合 3 系数为 (1,3,−4)。同时根据周跳检测量的中误差值设定周跳探测阈值,因此三种系数组合的周跳探测阈值分别为 0.3、0.1、0.3,如果某一历元的周跳检测量超出阈值范围,则认为该历元产生了周跳。

3.7.1.3　算例分析

为了验证不同系数的伪距相位组合对三频周跳的探测能力,选择 BDS 系统 C37 卫星的三频观测数据,三个频率分别为 B1C、B2a、B3,采样间隔为 30 s,由于原始数据无周跳,因此通过人为加入不同类型的三频周跳进行实验。首先对原始数据进行周跳探测,结果如图 3-20 所示。

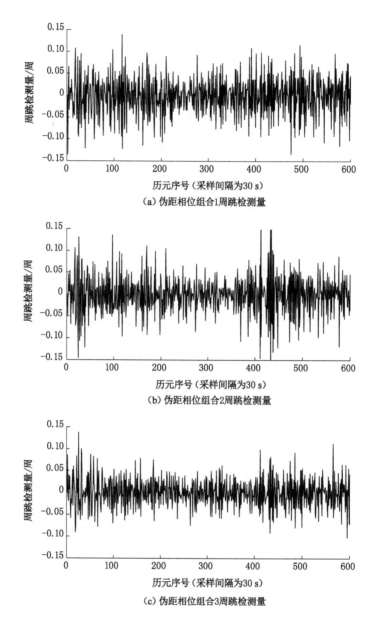

（a）伪距相位组合1周跳检测量

（b）伪距相位组合2周跳检测量

（c）伪距相位组合3周跳检测量

图 3-20　伪距相位组合对原始数据的周跳探测结果

由对原始数据的周跳探测结果可以看出:三种组合的周跳检测量均在阈值范围内,但是误差范围有所差异,其中组合 1 的周跳检测量在$(-0.135, 0.139)$周范围内,组合 2 的周跳检测量最大值为 0.197 周,组合 3 的周跳检测量在 0.14 周范围内,相比之下,组合 1 和组合 3 的周跳检测量范围较小,而组合 2 的周跳检测量范围较大。

在原始数据中添加不同类型的三频组合周跳并再次进行周跳探测实验,周跳探测结果如图 3-21 所示,其中添加的周跳大小和周跳检测量数据见表 3-21。

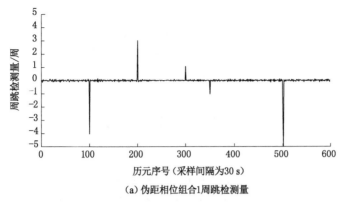

（a）伪距相位组合1周跳检测量

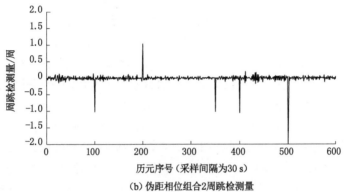

（b）伪距相位组合2周跳检测量

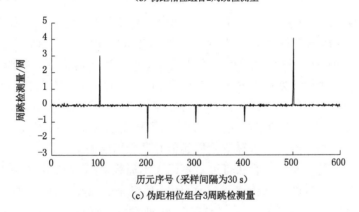

（c）伪距相位组合3周跳检测量

图 3-21 伪距相位组合对有周跳数据的周跳探测结果

表 3-21 伪距相位组合对有周跳数据的周跳探测结果

历元	各频率上的周跳值/周			周跳检测量/周			理论值/周		
	B1C	B2a	B3	组合 1	组合 2	组合 3	组合 1	组合 2	组合 3
100	0	1	0	-4.018	-1.021	2.997	-4	-1	3
200	7	5	6	3.019	1.033	-1.986	3	1	-2
300	0	1	1	1.056	0.031	-1.025	1	0	-1
350	1	5	4	1.022	-1.015	0.007	-1	-1	0

表 3-21(续)

历元	各频率上的周跳值/周			周跳检测量/周			理论值/周		
	B1C	B2a	B3	组合 1	组合 2	组合 3	组合 1	组合 2	组合 3
400	−2	3	2	−0.072	−1.056	−0.984	0	−1	−1
450	2	2	2	0.000	0.009	0.009	0	0	0
500	−3	4	2	−2.940	−2.019	0.921	−3	−2	1
501	4	4	3	−5.041	−0.985	4.056	−5	−1	4

对周跳探测结果进行分析可知:在第 100 个历元处添加 1 周的小周跳时,三种组合均能探测到周跳值,且伪距相位组合 2 的周跳探测误差最大,最大值为 0.021 周,远小于周跳探测阈值,在第 200 个历元处添加(7,5,6)的组合周跳时,最大的周跳探测误差为 0.033 周,周跳探测精度良好,另外在第 300 个历元处添加(0,1,1)的周跳时,伪距相位组合 2 无法检测到周跳,这是由于该组合系数中 B1C 频率的系数为 0,因此对该频率上发生的周跳,伪距相位组合 2 均无法探测到,可以看出:虽然三频组合周跳探测中将一个频率的系数调整为 0 时周跳探测精度较高,但是失去了探测这一频率周跳的能力,在第 350 个历元处加入(1,5,4)的周跳时,伪距相位组合 3 无法探测到周跳,这是因为当三频周跳值与各自频率的系数乘积之和为 0 时,周跳检测量为 0,无法进行周跳探测,称为周跳探测盲点,但是伪距相位组合 1 和伪距相位组合 2 均能探测到周跳,且探测误差小于 0.03 周,同样,在第 400 个历元处加入(−2,3,2)的周跳时,伪距相位组合 1 存在周跳探测盲点,伪距相位组合 2 和伪距相位组合 3 可以探测到周跳,且最大探测误差仅为 0.056 周,而在第 450 个历元处加入(2,2,2)的周跳时,3 种组合均无法探测到周跳,这是由于 3 种组合系数和均为 0,因此当 3 个频率上同时发生相同大小的周跳时,3 种组合的周跳检测量理论上均为 0,存在周跳探测盲点。另外,在对第 500 个、第 501 个历元处添加两组连续周跳时,3 种组合均能有效探测出周跳,周跳探测误差最大为 0.079 周,因此伪距相位组合对连续周跳具有良好的探测能力,且由于周跳检测量不进行历元间作差,周跳值与当前历元有关,不影响相邻历元的周跳检测量,因此在保证周跳探测精度的同时,更便于解算单频周跳值并进行周跳修复。

总的来看,利用伪距相位组合法可以对不同大小周跳、连续周跳和单一组合的不敏感周跳进行探测,且具有良好的探测精度,但是由于 3 种组合的周跳检测量理论上均为 0,因此 3 种组合对相同大小的三频周跳存在探测盲点,因此在实际周跳探测时,需要考虑其他组合或方法弥补该方法的周跳探测不足。

3.7.2 无几何相位组合法

3.7.2.1 无几何相位组合法原理

无几何相位组合法的思想是对三频载波相位观测值进行线性组合,在保证三频载波相位组合系数和为 0 的前提下,尽可能降低电离层延迟和观测噪声对周跳检测量的影响,再通过对周跳检测量进行历元间作差即可得到三频组合周跳值,最后经过方程组解算得到单频周跳,从而进行周跳的探测和修复。

根据载波相位观测方程,同样假设 α、β、γ 为三频无几何相位组合系数,则三频无几何相位组合方程可表示为：

$$\alpha\lambda_1\varphi_1 + \beta\lambda_2\varphi_2 + \gamma\lambda_3\varphi_3 = (\alpha+\beta+\gamma)\rho - \eta_{\alpha\beta\gamma}I + N_{\alpha\beta\gamma} + \varepsilon_{\alpha\beta\gamma} \quad (3\text{-}38)$$

$$\eta_{\alpha\beta\gamma} = \alpha\lambda_1 + \beta\lambda_2\frac{f_1}{f_2} + \gamma\lambda_3\frac{f_1}{f_3}$$

$$N_{\alpha\beta\gamma} = \alpha\lambda_1 N_1 + \beta\lambda_2 N_2 + \gamma\lambda_3 N_3$$

$$\varepsilon_{\alpha\beta\gamma} = \alpha\lambda_1\varepsilon_1 + \beta\lambda_2\varepsilon_2 + \gamma\lambda_3\varepsilon_3$$

式中，α,β,γ 为 3 个频率的无几何相位组合系数；$(\alpha+\beta+\gamma)\rho$ 为组合观测值对应的空间距离；$\eta_{\alpha\beta\gamma}$ 为电离层残差系数；$N_{\alpha\beta\gamma}$ 为无几何相位组合值的整周模糊度；$\varepsilon_{\alpha\beta\gamma}$ 为组合观测噪声。

对式(3-38)进行历元间作差可得：

$$\alpha\lambda_1\Delta\varphi_1 + \beta\lambda_2\Delta\varphi_2 + \gamma\lambda_3\Delta\varphi_3 = -\eta_{\alpha\beta\gamma}\Delta I + \alpha\lambda_1\Delta N_1 + \beta\lambda_2\Delta N_2 + \gamma\lambda_3\Delta N_3 + \Delta\varepsilon_{\alpha\beta\gamma} \quad (3\text{-}39)$$

从式(3-39)可以看出：无几何相位组合周跳探测精度与电离层延迟和组合观测噪声有关，当观测噪声和电离层延迟较小时，周跳探测精度更高，若无周跳发生，则无几何相位组合值近似为 0。

根据误差传播理论可知无几何相位组合的周跳检测量中误差为：

$$\sigma_{\alpha\beta\gamma} = \sqrt{2}\sqrt{(\alpha\lambda_1)^2 + (\beta\lambda_2)^2 + (\gamma\lambda_3)^2}\,\sigma_\varphi \quad (3\text{-}40)$$

同样以三倍中误差作为周跳检测量的阈值，若周跳检测量超出阈值范围，则认为该历元产生了周跳。

3.7.2.2 组合系数选取

由于无几何相位组合周跳检测精度受到电离层延迟和观测噪声的影响，因此需要选择最优的组合系数，以最大程度降低无关因素对周跳探测的干扰，根据这些影响因素设定组合系数的选取条件：(1) 组合系数满足 $\alpha+\beta+\gamma=0$；(2) 电离层延迟系数 $\eta_{\alpha\beta\gamma}$ 较小；(3) 周跳检测量中误差较小，即 $\xi_\lambda = (\alpha\lambda_1)^2 + (\beta\lambda_2)^2 + (\gamma\lambda_3)^2$ 较小[38]。

根据系数选择条件，设定无几何相位组合系数的搜索区间为 [-4,4] 内的整数，另外，由于每种组合都有不敏感周跳，为了保证周跳探测性能，需要考虑不敏感周跳的数量，因此对每种组合存在 10 周以内的不敏感周跳数量进行统计，其中较优的组合系数见表 3-22。

表 3-22 较优的无几何相位组合系数

序号	B1C	B2a	B3	电离层延迟系数	平方和	中误差	小于 10 周的不敏感周跳数
1	0	1	−1	0.048	0.121	0.005	36
2	1	−3	2	−0.246	0.844	0.013	12
3	1	−2	1	−0.199	0.352	0.008	18
4	1	−1	0	−0.151	0.101	0.004	36
5	1	0	−1	−0.103	0.092	0.004	36
6	1	1	−2	−0.055	0.325	0.008	18
7	1	2	−3	−0.008	0.799	0.013	12
8	2	−3	1	−0.35	0.785	0.013	12

表 3-22(续)

序号	B1C	B2a	B3	电离层延迟系数	平方和	中误差	小于 10 周的不敏感周跳数
9	2	−1	−1	−0.254	0.266	0.007	18
10	2	1	−3	−0.159	0.712	0.012	12
11	3	−1	−2	−0.357	0.614	0.011	12
12	4	−1	−3	−0.461	1.147	0.015	10

从表 3-22 中数据可以看出：无几何相位组合的电离层残差均较小，且中误差均小于 0.1，但是不同的组合系数有所差别，当其中一个频率的系数为 0 时，该组合的电离层延迟和中误差较小，但只能探测 2 个频率上的周跳，因此不敏感周跳数量较多，而(4，−1，−3)的组合虽然不敏感、周跳数量较少，但电离层延迟系数较大，在电离层变化剧烈的情况下不具有优势，组合(1，2，−3)的电离层残差系数较小，但中误差较大。相比之下，组合(1，1，−2)和组合(1，−2，1)的电离层残差和中误差均较小。另外，由于无几何相位组合使用三频载波相位观测量，经过线性组合构建周跳检测量，因此通过对三频组合系数的选取，最后只能形成 2 个线性无关的周跳探测方程，即所有三频组合系数均可由(0，1，−1)和(1，0，−1)线性组合得到。而三频周跳探测需要构建 3 组线性无关的周跳探测方程才能解算出单频周跳，因此，利用无几何相位组合进行三频周跳探测时，需要与其他方法配合使用。为了进一步减少不敏感周跳的数量，选择两个最优的无几何相位组合，对 10 周、100 周以内的不敏感周跳数量进行统计，结果见表 3-23。

表 3-23 两个无几何相位组合的不敏感周跳数量

探测组合	小于 10 周/个	小于 100 周/个
[0,1,−1]，[1,−2,1]	0	3
[1,0,−1]，[0,1,−1]	0	1
[1,−2,1]，[1,−1,0]	0	2
[1,0,−1]，[1,−2,1]	0	2
[1,1,−2]，[0,1,−1]	0	2
[1,1,−2]，[2,−1,−1]	0	3
[1,1,−2]，[1,2,−3]	0	1
[2,−1,−1]，[0,1,−1]	0	3
[2,−1,−1]，[3,−1,2]	0	2
[2,−3,1]，[0,1,−1]	0	5
[3,−1,−2]，[1,1,−2]	0	2
[1,−2,1]，[1,2,−3]	0	3

可以看出:经过两组系数组合,无几何相位法的不敏感周跳数量均有所减少,这就说明不同的无几何相位组合存在不同的不敏感周跳;当二者组合进行周跳探测时,会互相弥补对方的周跳探测盲点,从而提高周跳探测性能;经过对各组系数组合所产生的不敏感周跳数量进行统计,无几何相位组合(1,1,−2)和(1,2,−3)在较好地满足系数选取条件的同时,二者组合的不敏感周跳数量较少,因此选择这二组系数进行周跳探测,设定无几何相位组合 1 的系数为(1,1,−2),无几何相位组合 2 的系数为(1,2,−3)。

3.7.2.3 算例分析

为了验证无几何相位组合的周跳探测性能,选择三频 BDS 卫星观测数据,首先对原始数据进行周跳探测,结果如图 3-22 所示。

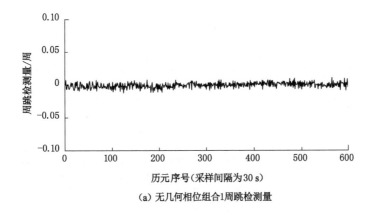

(a) 无几何相位组合 1 周跳检测量

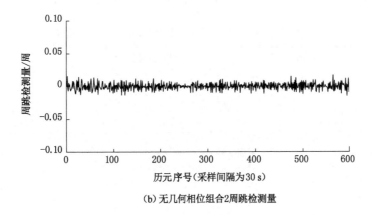

(b) 无几何相位组合 2 周跳检测量

图 3-22 无几何相位组合对原始数据的周跳探测结果

从周跳探测结果可以看出:两个无几何相位组合的周跳检测量范围均在 0.02 周以内,趋近 0,系数为(1,1,−2)的无几何相位组合周跳检测量最大值为 0.009 周,系数为(1,2,−3)的无几何相位组合周跳检测量最大值为 0.019 周,数据质量良好。

在原始数据中加入不同类型的周跳并进行周跳探测,实验结果如图 3-23 所示,添加的周跳值和周跳检测量数据见表 3-24。

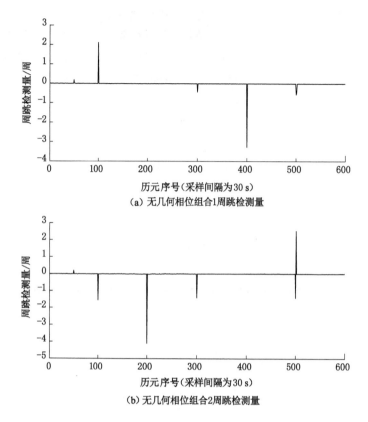

图 3-23　无几何相位组合对有周跳数据的周跳探测结果

表 3-24　无几何相位组合对有周跳数据的周跳探测结果

历元	各频率上添加的周跳			周跳检测量/周		理论值/周	
	B1C	B2a	B3	组合 1	组合 2	组合 1	组合 2
50	1	0	0	0.185	0.191	0.190	0.190
100	1	2	−3	2.113	−1.554	2.118	−1.538
200	−1	10	5	−0.006	−4.108	−0.005	−4.105
300	1	5	4	−0.433	−1.419	−0.426	−1.413
400	1	5	10	−3.258	0.006	−3.262	0.005
500	−2	3	2	−0.568	−1.429	−0.561	−1.437
501	4	−3	1	−0.472	2.520	−0.476	2.526

　　对周跳探测结果进行分析可知:两个无几何相位组合均能探测到 1 周的小周跳,且探测误差小于 0.005 周。在对三频周跳(1,2,−3)进行周跳探测时,探测误差小于 0.001 周,在第 200 个历元处添加(−1,10,5)的不敏感周跳,无几何相位组合(1,1,−2)无法探测到周跳,而无几何相位组合(1,−2,1)可以有效探测到周跳。同样,在第 400 个历元处添加(1,5,10)的三频周跳时,无几何相位组合(1,−2,1)的周跳检测量不超出阈值,无法探测到周跳,无几何相位组合(1,1,−2)可以准确探测到周跳值,另外在第 500 个、第 501 个历元处添加连续的

周跳时,两个无几何相位组合均能探测到周跳,探测误差最大值为 0.007 周,探测精度良好。总体来看,无几何相位组合可以对不同大小的周跳及连续周跳进行探测,且通过两种系数组合可以弥补单一组合的周跳探测盲点,降低不敏感周跳的数量,提高周跳探测能力,但无几何相位组合系数与波长有关,其周跳检测量不是整数,因此需要利用搜索算法解算出单频周跳并进行修复。

3.7.3 三频 STPIR 法

3.7.3.1 三频 STPIR 法基本原理

当进行三频周跳探测时,三频组合系数的选择更灵活,可以根据条件的不同侧重选择合适的三频组合系数,有利于对不同环境下的数据进行周跳探测和修复,同时组合系数的变化也使得电离层残差法的周跳检测量更易受电离层变化影响,因此选择 STPIR 法进行三频周跳探测。

以组合系数 $(1,1,-2)$ 构建三频电离层残差组合观测量[39],表达式为:

$$\varphi_{PIR3} = \varphi_1 + \frac{\lambda_2}{\lambda_1}\varphi_2 - 2\frac{\lambda_3}{\lambda_1}\varphi_3 = N_1 + \frac{\lambda_2}{\lambda_1}N_2 - 2\frac{\lambda_3}{\lambda_1}N_3 + I_{123} \tag{3-41}$$

$$I_{123} = (2\frac{\lambda_3}{\lambda_1} - \frac{\lambda_2}{\lambda_1} - 1)\frac{I}{\lambda_1}$$

式中,φ_{PIR3} 为三频电离层残差构造量;I_{123} 为三频组合电离层延迟项,$I_{123} = 1.483I$。

将式(3-41)在历元间作差,得到三频电离层残差组合周跳检测量,表达式为:

$$\Delta\varphi_{PIR3}(n) = \varphi_{PIR3}(n) - \varphi_{PIR3}(n-1) = [\Delta N_1 + \frac{\lambda_2}{\lambda_1}\Delta N_2 - 2\frac{\lambda_2}{\lambda_1}\Delta N_3](n) + \Delta I_{123}(n)$$

$$\tag{3-42}$$

式中,$\Delta\varphi_{PIR3}$ 为三频电离层残差周跳检测量;ΔI_{123} 为历元间电离层残差值,$\Delta I_{123} = I_{123}(n) - I_{123}(n-1)$。

假设观测数据起始两个历元无周跳发生,将电离层残差周跳检测量在历元间二次作差,即可得到 STPIR 法的周跳检测量,表达式为:

$$\Delta\varphi_{STPIR3}(n) = \varphi_{PIR3}(n) - 2\varphi_{PIR3}(n-1) + \varphi_{PIR3}(n-2) = [\Delta N_1 + \frac{\lambda_2}{\lambda_1}\Delta N_2 - 2\frac{\lambda_2}{\lambda_1}\Delta N_3](n) -$$

$$[\Delta N_1 + \frac{\lambda_2}{\lambda_1}\Delta N_2 - 2\frac{\lambda_2}{\lambda_1}\Delta N_3](n-1) + \Delta I(n) \tag{3-43}$$

式中,$\Delta\varphi_{STPIR3}$ 为三频 STPIR 法周跳检测量;$\Delta I(n)$ 为电离层残差二阶项,$\Delta I(n) = I_{123}(n) - 2I_{123}(n-1) + I_{123}(n-2)$,此时历元间电离层变化对周跳检测量的影响远小于一次差分值,且始终在零值附近波动,从而更有利于周跳探测。

三频 STPIR 法周跳检测量中误差为:

$$\sigma_{STPIR3} = 2\sqrt{\sigma_\varphi^2 + \left(\frac{\lambda_2}{\lambda_1}\right)^2\sigma_\varphi^2 + 4\left(\frac{\lambda_3}{\lambda_1}\right)^2\sigma_\varphi^2} \approx 5.988\sigma_\varphi \tag{3-44}$$

式中,σ_{STPIR3} 为三频 STPIR 法周跳检测量中误差。

计算可得 $\sigma_{STPIR3} \approx 0.06$ 周,以 3 倍周跳检测量中误差为 STPIR 法周跳探测极限值,则设置 STPIR 法周跳探测阈值为 0.18 个周期,即 STPIR 周跳检测量数值大小超过 0.18 个周期,则认为发生了周跳,且周跳检测量与单频周跳的关系式为:

$$\Delta\varphi_{\text{STPIR3}} = \begin{bmatrix} 1 & \dfrac{\lambda_2}{\lambda_1} & -2\dfrac{\lambda_3}{\lambda_1} \end{bmatrix} \begin{bmatrix} \Delta N_1 \\ \Delta N_2 \\ \Delta N_3 \end{bmatrix} \tag{3-45}$$

3.7.3.2 算例分析

同样利用 C37 卫星 30 s 采样率的三频观测数据进行实验,首先对原始数据进行周跳探测,结果如图 3-24 所示。

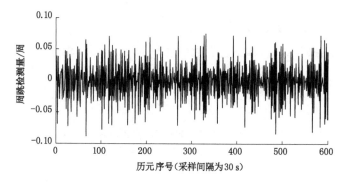

图 3-24 三频 STPIR 法对原始数据的周跳探测结果

在原始数据的不同位置处加入周跳并进行探测,结果如图 3-25 所示,其中添加周跳的大小和周跳检测量数据见表 3-25。

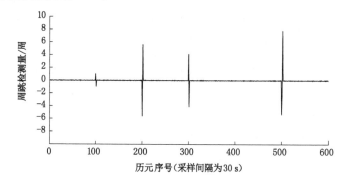

图 3-25 三频 STPIR 法对有周跳数据的周跳探测结果

表 3-25 三频 STPIR 法对有周跳数据的周跳探测结果

序号	各频率上的周跳/周			周跳检测量/周	理论值/周
	B1C	B2a	B3		
100	1	0	0	1.017	1.000
200	−2	1	2	−5.600	−5.629
300	7	9	6	4.103	4.149
350	−1	10	5	−0.008	−0.028
500	−3	2	2	−5.342	−5.289
501	5	−4	3	−2.460	−7.808

对周跳探测结果进行分析可知:STPIR 法对 1 周的小周跳探测误差为 0.017 周,在第 300 个历元处添加 $(7,9,6)$ 的较大周跳时,STPIR 法的周跳探测误差趋近 0,可以看出周跳探测精度良好,但在第 400 个历元处添加 $(-1,10,5)$ 的三频周跳时,该方法的周跳检测量小于阈值,无法探测到周跳,这是因为当三频周跳满足 $\Delta N_1 + \lambda_2 \Delta N_2 / \lambda_1 - 2\lambda_3 \Delta N_3 / \lambda_1 = 0$ 时, STPIR 法存在周跳探测盲点,另外,通过在第 500 个、第 501 个历元处添加两组连续周跳并进行探测可知 STPIR 法可以对连续周跳进行探测,但由于周跳检测量经过两次历元间作差,因此相邻历元的周跳检测量相互影响,需要对当前历元进行周跳修复后才能解算下一个历元的周跳值。

3.7.4 三频多普勒积分法

3.7.4.1 三频多普勒积分法基本原理

多普勒积分法用于双频周跳时,由于受到组合系数的限制,无法获取组合波长更大的周跳检测量,相比于双频组合,三频组合系数有着更加广泛的选择,通过调整各个频率组合系数的大小,可以构建特定条件下更优的周跳检测量,以此提高周跳探测性能。

根据式(3-33),按照伪距相位组合方法构建三频多普勒积分周跳检测量,同样以 a,b,c 为三频多普勒积分计算的三频伪距组合系数,则三频组合伪距变化量为:

$$\Delta P_{abc}^{D} = a\Delta P_1^{D} + b\Delta P_2^{D} + c\Delta P_3^{D} + l_{abc}I_1 \tag{3-46}$$

式中,ΔP_{abc}^{D} 为多普勒积分计算的三频组合伪距变化量;ΔP_1^{D},ΔP_2^{D},ΔP_3^{D} 为各自频率上多普勒积分计算的伪距变化量,再构造三频宽巷相位组合值,并进行历元间作差计算载波相位变化量,表达式为:

$$\Delta \varphi_{ijk}(n) = \varphi_{ijk}(n) - \varphi_{ijk}(n-1) \tag{3-47}$$

式中,$\Delta \varphi_{ijk}$ 为历元间三频宽巷相位变化量。

根据伪距相位组合原理,利用式(3-47)减去式(3-46)构造周跳检测量。另外,由于接收机硬件延迟较为固定,多路径效应在历元间变化缓慢,因此作差后二者可忽略不计[40]。多普勒积分辅助的三频伪距相位组合周跳检测量为:

$$\Delta N_{ijk}^{D} = \Delta \varphi_{ijk} - \frac{\Delta P_{abc}^{D}}{\lambda_{ijk}} + \frac{l_{ijk} + l_{abc}}{\lambda_{ijk}}\Delta I_1 \tag{3-48}$$

式中,ΔN_{ijk}^{D} 为多普勒积分辅助的伪距相位组合周跳检测量;$\Delta \varphi_{ijk}$ 为历元间相位组合观测量的差值;ΔI_1 为历元间 f_1 频率的电离层延迟变化量。

当电离层变化不大时,电离层延迟变化量 ΔI_1 可以忽略不计,则此时周跳检测量为:

$$\Delta \hat{N}_{ijk}^{D} = \Delta \varphi_{ijk} - \frac{\Delta P_{abc}^{D}}{\lambda_{ijk}} \tag{3-49}$$

式中,$\Delta \hat{N}_{ijk}^{D}$ 为三频多普勒积分组合周跳检测量。

根据多普勒积分辅助的伪距相位组合系数可得到周跳检测量中误差:

$$\sigma_{\Delta \hat{N}_{D}} = \sqrt{2}\sqrt{(i^2 + j^2 + k^2)\sigma_{\varphi}^2 + (a^2 + b^2 + c^2)(\Delta t)^2 \sigma_{D}^2 / 4\lambda_{ijk}^2} \tag{3-50}$$

式中,$\sigma_{\Delta \hat{N}_{D}}$ 为多普勒积分辅助的伪距相位组合周跳检测量中误差。可以看出:中误差的大小与采样间隔有关,但影响不大,根据伪距和多普勒观测值精度计算周跳检测量中误差,并以 3 倍中误差作为周跳探测阈值。此时周跳检测量与单频周跳的关系式为:

$$\Delta \hat{N}_{ijk}^{D} = \begin{bmatrix} i & j & k \end{bmatrix} \begin{bmatrix} \Delta N_1 \\ \Delta N_2 \\ \Delta N_3 \end{bmatrix} \tag{3-51}$$

3.7.4.2 组合系数选择

由于三频多普勒积分法与伪距相位组合相似,因此组合系数选取原则与伪距相位组合相同,同时为了降低低采样率下多普勒积分误差对周跳检测量的影响,三频多普勒积分法需要获取波长更长的宽巷相位组合值。根据系数选取的条件,同样设定 $[-10,10]$ 为三频载波相位组合系数的搜索区间,以组合波长大于 $5\ \mathrm{m}$、$|i+j+k| \leqslant 2$ 和 $\sigma_{\Delta \hat{N}} \leqslant 0.2$ 为搜索条件进行搜索,其中满足条件的所有组合系数见表 3-26。

表 3-26 满足条件的三频多普勒积分法相位组合系数

序号	(i,j,k)	λ_{ijk}/m	β	$\sigma_{\Delta\hat{N}}/$周
1	$(-7,4,5)$	14.653	24.094	0.136
2	$(-6,7,1)$	5.861	24.503	0.145
3	$(-5,-3,9)$	29.305	11.4	0.152
4	$(-4,0,5)$	7.326	11.809	0.104
5	$(-2,-7,9)$	9.768	-0.885	0.163
6	$(-2,7,-4)$	29.305	12.694	0.118
7	$(-1,10,-8)$	7.326	13.103	0.188
8	$(1,3,-4)$	9.768	0.409	0.081
9	$(3,4,0)$	14.653	-12.285	0.075
10	$(4,-1,-4)$	5.861	-11.876	0.103
11	$(6,-8,0)$	7.326	-24.57	0.15
12	$(8,-1,9)$	29.305	-23.685	0.171

根据表 3-26 选择 2 组最优的三频相位组合系数,其中任一频率的系数不能为 0,且为了避免 2 个伪距相位组合对 3 个频率上相同大小的周跳均无法探测的问题,需要有一组系数和不为 0,综合考虑,组合系数 $(1,3,-4)$ 和 $(-2,7,-4)$ 更优。因此设定三频多普勒积分组合 1 系数为 $(1,3,-4)$,组合 2 系数为 $(-2,7,-4)$,此时组合 1 的周跳探测阈值为 0.22 周,组合 2 的周跳探测阈值为 0.35 周,满足整周周跳探测要求。

3.7.4.3 算例分析

为了验证三频多普勒积分法的周跳探测能力,选择 1 s 和 15 s 采样率的观测数据分别进行实验。首先对 1 s 采样率的原始数据进行周跳探测,结果如图 3-26 所示。

从图 3-26 可以看出:三频多普勒积分组合周跳检测量均在 $(-0.2,0.2)$ 周之间,且趋于 0,稳定性良好。

对添加周跳后的 1 s 采样率数据进行周跳探测,结果如图 3-27 所示,有周跳位置的周跳检测量与理论值见表 3-27。

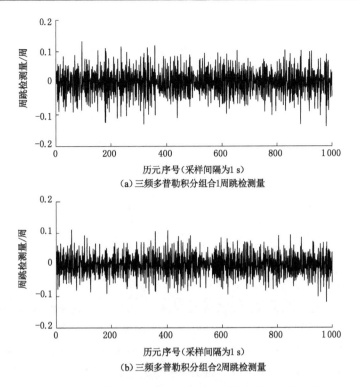

图 3-26　三频多普勒积分法对 1 s 采样率原始数据的周跳探测结果

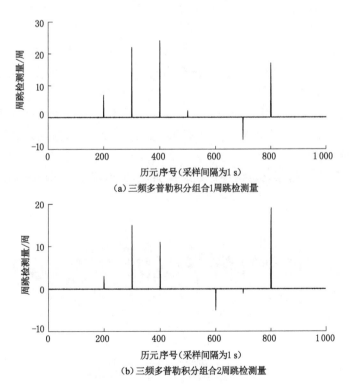

图 3-27　三频多普勒积分法对 1 s 采样率有周跳数据的周跳探测结果

表 3-27　三频多普勒积分法对 1 s 采样率有周跳数据的周跳探测结果

有周跳的历元序号	各频率上添加的周跳/周			周跳检测量/周		周跳检测量理论值/周	
	B1c	B2a	B3	伪距相位组合 1	伪距相位组合 2	伪距相位组合 1	伪距相位组合 2
200	0	1	0	7.005	3.004	7	3
300	3	4	0	21.930	14.991	22	15
400	9	10	7	24.044	11.014	24	11
500	2	2	2	2.026	0.040	2	0
600	1	2	3	0.041	−4.962	0	−5
800	−2	−1	−5	16.959	14.928	17	15
801	3	0	−4	10.068	19.044	10	19

在第 200 个历元处加入 1 周的小周跳时,两种组合均能有效探测出来,最大探测误差为 0.005 周,在第 300 个历元处加入(3,4,0)周的组合周跳时,组合能准确地探测出双频周跳,在第 400 个历元处加入(9,10,7)周的组合周跳时,伪距相位组合 1 的周跳探测误差最大,误差值为 0.044 周,周跳探测精度良好,因此组合方法可以探测出 3 个频率上不同大小的周跳。通过在第 500 个、第 600 个历元处添加周跳并进行实验,可以验证组合方法对单一方法中不敏感周跳的探测能力,在第 500 个历元处加入(2,2,2)周的组合周跳时,由于伪距相位组合 2 的系数和为 0,因此无法探测到 3 个频率上相同大小的周跳,而伪距相位组合 1 可以探测到周跳值,且探测误差小于 0.04 周,在第 600 个历元处加入(1,2,3)周的组合周跳时,伪距相位组合 1 产生了周跳探测盲点,无法探测到周跳,伪距相位组合 2 可以精确探测到周跳。另外,在第 800 个、第 801 个历元处加入不同大小的连续周跳时,两个组合的周跳探测误差小于 0.1 周,因此两个多普勒积分组合对连续周跳具有良好的周跳探测能力。综上可见:三频多普勒积分法可以对 3 个频率上不同大小的周跳、不敏感周跳及连续周跳进行探测,且周跳探测精度良好。

再对采样率为 15 s 的原始数据进行周跳探测,结果如图 3-28 所示。

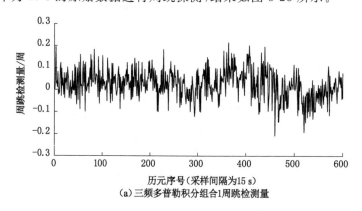

(a)三频多普勒积分组合 1 周跳检测量

图 3-28　三频多普勒积分法对 15 s 采样率原始数据的周跳探测结果

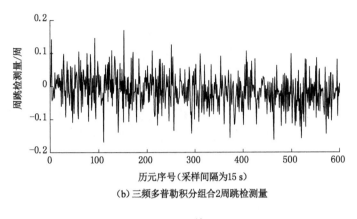

(b)三频多普勒积分组合2周跳检测量

图 3-28 （续）

从图 3-28 可以看出:组合 1 的周跳检测量在 0.25 周以内,组合 2 的周跳检测量在 0.2 周以内,周跳检测量有所增大,但仍小于阈值范围。

在原始数据的不同位置处加入周跳并进行实验,结果如图 3-29 所示,周跳数据见表 3-28。

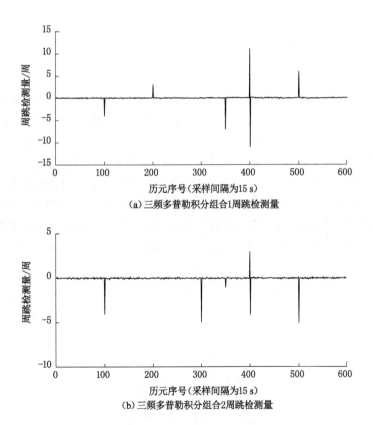

(a)三频多普勒积分组合1周跳检测量

(b)三频多普勒积分组合2周跳检测量

图 3-29 三频多普勒积分法对 15 s 采样率有周跳数据的周跳探测结果

表 3-28　三频多普勒积分法对 15 s 采样率有周跳数据的周跳探测结果

有周跳的历元序号	各频率上添加的周跳/周			周跳检测量/周		周跳检测量理论值/周	
	B1c	B2a	B3	组合 1	组合 2	组合 1	组合 2
100	0	0	1	−3.997	−4.032	−4	−4
200	3	3	3	3.050	−0.006	3	0
300	1	2	3	0.096	−4.948	0	−5
350	6	3	4	−6.959	−1.029	−7	−1
400	4	5	4	11.059	2.937	11	3
401	9	5	7	−10.951	−4.116	−11	−4
500	7	8	9	6.009	−5.001	6	−5

对表 3-28 中数据分析可知:在 15 s 采样率下,2 个多普勒积分组合可以探测出所有位置的周跳,其对 1 周的周跳探测误差最大值仅为 0.05 周,对连续周跳的探测误差最大值为 0.116 周,满足精度要求。相比于 1 s 采样率数据,周跳探测误差有所增大,但相比于单频多普勒积分法,三频多普勒积分通过载波相位宽巷组合,降低了积分误差对周跳检测量的影响,使其在较低采样率下仍保持着良好的周跳探测精度,从而可以完成对 BDS 卫星三频观测数据的周跳探测和修复。

3.7.5　多普勒积分重构法

3.7.5.1　多普勒积分重构法基本原理

三频多普勒积分法在一定程度上降低了多普勒积分误差对周跳探测的影响,这也就使得多普勒积分法可以对较低采样率数据进行周跳探测,但由于相邻历元间的多普勒观测值是相对独立的,且随着采样率的持续降低,相邻历元间的环境变化加剧,且多普勒积分误差不断增大,以多普勒观测值精度为 0.03 m/s 为例,30 s 采样率数据中的多普勒积分误差最大值达到 0.9 m,即使三频组合波长达到数十米,也无法消除各种误差因素对周跳检测量的影响。因此,要想彻底解决多普勒积分法周跳探测精度受采样率影响的问题,就需要对多普勒观测值进行处理,使其在相邻历元间的线性化程度加强。根据卫星观测中多普勒频移的形成原理,提出了一种利用卫星广播星历重构多普勒积分进行三频周跳探测的方法,下面对该方法进行介绍。

首先,利用卫星广播星历计算卫星在地固坐标系中的位置 $P_s(x_s,y_s,z_s)$,并在接收机观测数据 O 文件中获取测站近似位置作为接收机在 $ECEF$ 坐标系中的真实位置 $P_u(x_u,y_u,z_u)$,则卫星与接收机之间的距离向量 $\boldsymbol{\rho}=(x_\rho,y_\rho,z_\rho)=(x_s-x_u,y_s-y_u,z_s-z_u)$,则站星距 $\rho=|\boldsymbol{\rho}|=\sqrt{(x_s-x_u)^2+(y_s-y_u)^2+(z_s-z_u)^2}$,设 $\boldsymbol{v}_s$ 为卫星的速度向量,$\boldsymbol{v}_u$ 为接收机的速度向量,某时刻卫星的多普勒频移可表示为:

$$f_d=\frac{|\boldsymbol{v}_u-\boldsymbol{v}_s|f}{c}=\frac{v_u\cos\theta_u-v_s\cos\theta_s}{\lambda} \tag{3-52}$$

式中,f_d 为由卫星和接收机相对速度计算的多普勒频移值;v_u 为接收机速度大小,$v_u=|\boldsymbol{v}_u|$;v_s 为卫星速度大小,$v_s=|\boldsymbol{v}_s|$;θ_u 为接收机速度和接收机与卫星连线的夹角;θ_s 为卫星速度和接收机与卫星连线的夹角。

当接收机处于静止状态下时，接收机速度为 0，即 $v_u = 0$。设第 n 个历元的时间是 t_n，第 $n+1$ 个历元的时刻是 t_{n+1}，则相邻历元间的多普勒积分值可以表示为：

$$\int_{t_n}^{t_{n+1}} f_d \, \mathrm{d}t = -\int_{t_n}^{t_{n+1}} \frac{v_s \cos \theta_s}{\lambda} \mathrm{d}t \tag{3-53}$$

假设第 n 个历元时刻的卫星速度为 $v_s(n+1)$，第 $n-1$ 个历元时刻卫星速度为 $v_s(n)$，采用梯形积分的方法计算历元间多普勒积分值，表达式为：

$$\int_{t_n}^{t_{n+1}} f_d \, \mathrm{d}t = -\frac{[v_s(n+1) + v_s(n)] \cos \theta_s}{2\lambda} \Delta t \tag{3-54}$$

式中，Δt 为历元间隔，$\Delta t = t_{n+1} - t_n$。

根据运动学原理，历元间站星距变化量可以表示为：

$$\Delta \rho = \rho_{n+1} - \rho_n = \overline{v}_s \cos \theta_s \Delta t \tag{3-55}$$

式中，$\Delta \rho$ 为历元间站星距的变化量；$\overline{v}_s$ 为历元间的卫星平均速度，$\overline{v}_s = \frac{v_s(n+1) + v_s(n)}{2}$。

由此得到多普勒积分值与站星距之间的关系式为：

$$\int_{t_n}^{t_{n+1}} f_d \, \mathrm{d}t = -\frac{\overline{v}_s \cos \theta}{\lambda} \Delta t = -\frac{\Delta \rho}{\lambda} \tag{3-56}$$

根据式（3-56）即可利用卫星广播星历，通过计算站星距进行多普勒积分重构，下面利用多普勒重构值构建三频周跳检测量。

在进行三频周跳探测时，为了降低观测误差对周跳探测精度的影响，需要对载波相位观测值进行宽巷组合，根据组合原理，载波相位宽巷组合时应保持伪距不变，同样以 i,j,k 作为三频载波相位组合系数，则载波相位组合值与各频率载波相位观测值之间的关系式为：

$$\rho = \lambda_1 \varphi_1 = \lambda_2 \varphi_2 = \lambda_3 \varphi_3 = \lambda_{ijk} \varphi_{ijk} \tag{3-57}$$

式中，λ_{ijk} 为宽巷组合波长，$\lambda_{ijk} = c / (if_1 + jf_2 + kf_3)$；$\varphi_{ijk}$ 为三频载波相位组合值，$\varphi_{ijk} = i\varphi_1 + j\varphi_2 + k\varphi_3$。

根据多普勒积分原理可知，载波相位在一段时间内的变化量等于多普勒值在对应时间段的积分值。利用重构多普勒积分值表示的载波相位组合值在相邻历元间的变化量为：

$$\Delta \varphi_s = -\int_{t_n}^{t_{n+1}} f_{ijk} \, \mathrm{d}t = \frac{\Delta \rho}{\lambda_{ijk}} \tag{3-58}$$

式中，$\Delta \varphi_s$ 为多普勒积分重构计算的宽巷载波相位变化量。

根据载波相位观测方程，对载波相位组合值进行历元间作差计算其变化量，表达式为：

$$\Delta \varphi_u = \Delta \varphi_{ijk} + \frac{l_{ijk}}{\lambda_{ijk}} \Delta I_1 \tag{3-59}$$

式中，$\Delta \varphi_u$ 为考虑电离层残差的历元间相位组合值变化量，即载波相位变化实际值。

利用式（3-59）减去式（3-58）构造周跳检测量，则多普勒积分重构法的周跳检测量为：

$$\Delta N_s = \Delta \varphi_u - \Delta \varphi_s = \Delta \varphi_{ijk} - \frac{\Delta \rho}{\lambda_{ijk}} + \frac{l_{ijk}}{\lambda_{ijk}} \Delta I_1 \tag{3-60}$$

式中，ΔN_s 为多普勒积分重构周跳检测量。

根据误差模型计算周跳检测量中误差应为：

$$\sigma_{\Delta N_s} = \sqrt{2} \sqrt{(i^2 + j^2 + k^2)\sigma_\varphi^2 + \sigma_\rho^2 / \lambda_{ijk}^2} \tag{3-61}$$

式中，$\sigma_{\Delta N_s}$ 为多普勒积分重构法的周跳检测量中误差。

设利用卫星星历计算的站星距误差为 0.7 m,即 $\sigma_\rho = 0.7$ m,以 3 倍中误差作为周跳检测阈值,即可进行周跳探测。

3.7.5.2 组合系数选择

根据多普勒积分重构原理,选择三频组合系数需要考虑组合波长、电离层残差和周跳检测量中误差的综合影响,应满足以下三个条件:

(1) 组合波长较长;

(2) 电离层残差较小;

(3) 周跳检测量中误差较小。

多普勒积分重构法的电离层残差系数为:

$$\kappa_s = \frac{i}{\lambda_1} + j\frac{\lambda_2}{\lambda_1^2} + k\frac{\lambda_3}{\lambda_1^2} \tag{3-62}$$

为了快速获取最优的组合系数,设定 $[-10,10]$ 为三频相位组合系数的搜索区间,且以组合波长大于 3 m、$|i+j+k| \leqslant 2$ 和 $\sigma_{\Delta N_s} \leqslant 0.2$ 为搜索条件进行搜索,其中满足条件的所有组合系数见表 3-29。

表 3-29 较优的多普勒积分重构法相位组合系数

序号	组合系数			组合波长/m	电离层延迟系数	中误差/周
	B1C	B2a	B3			
1	-5	-3	9	29.305	11.351	0.152
2	-4	0	5	7.326	11.612	0.1
3	-3	3	1	4.186	11.873	0.097
4	-2	-7	9	9.768	-1.033	0.167
5	-2	7	-4	29.305	12.645	0.118
6	-1	-4	5	4.884	-0.772	0.112
7	-1	10	-8	7.326	12.905	0.187
8	0	-1	1	3.256	-0.511	0.098
9	1	3	-4	9.768	0.261	0.079
10	2	-8	5	3.663	-13.155	0.161
11	2	6	-8	4.884	0.522	0.158
12	3	-4	0	14.653	-12.384	0.074
13	4	-1	-4	5.861	-12.123	0.097
14	5	2	-8	3.663	-11.862	0.161

由表 3-29 可知:当三频系数和不为 0 时,周跳检测量中误差和电离层残差值均较大,只有当三频相位组合系数和为 0 时,周跳检测量中误差小于 0.1 周的同时电离层残差系数也小于 1。因此,多普勒积分重构的三频系数选择应考虑和为 0 的组合,结合系数选取条件,本章选择组合 1$(1,3,-4)$ 和组合 2$(-1,-4,5)$ 作为两组最优的系数组合,并利用这两组系数进行周跳探测。

3.7.5.3 算例分析

为了验证多普勒积分重构法的周跳探测性能,分别选择 C37 卫星 1 s、15 s 和 30 s 采样率数据进行周跳探测实验,首先对 1 s 采样率原始数据进行周跳探测,结果如图 3-30 所示。

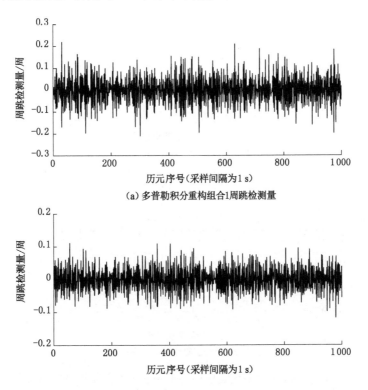

图 3-30　多普勒积分重构法对 1 s 采样率原始数据的周跳探测结果

从图 3-30 可以看出:两个组合的周跳检测量均在 0 值附近波动,其中组合 1 的周跳检测量在 0.3 周以内,组合 2 的周跳检测量最大值为 0.117 周,数据质量较好。

在原始数据中加入不同类型的周跳并再次进行周跳探测实验,结果如图 3-31 所示,添加的周跳数据及周跳检测量见表 3-30。

表 3-30　1 s 采样率数据多普勒积分重构法周跳探测结果

历元	各频率上添加的周跳/周			周跳检测量/周		理论值/周	
	B1C	B2a	B3	组合 1	组合 2	组合 1	组合 2
200	1	0	0	−0.973	1.002	−1	1
300	1	2	1	−3.920	2.988	−4	3
400	7	5	6	2.909	−1.984	3	−2
500	1	1	1	−0.034	0.041	0	0
600	−3	2	1	−0.056	−0.962	0	−1
700	5	1	2	0.912	−0.038	1	0
800	−1	2	1	−2.096	0.926	−2	1
801	−5	4	3	4.053	−4.955	4	−5

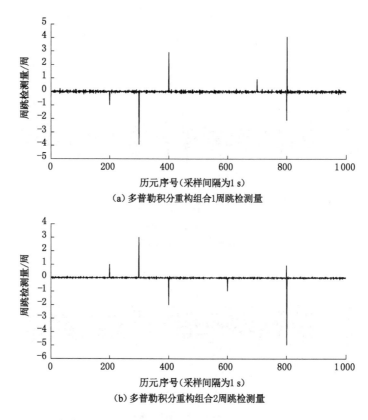

(a) 多普勒积分重构组合1周跳检测量

(b) 多普勒积分重构组合2周跳检测量

图 3-31 多普勒积分重构法对 1 s 采样率有周跳数据的周跳探测结果

对表 3-30 中数据进行分析：在第 200 个历元处添加 1 周跳的周跳值时，两种组合均能准确探测出周跳，最小探测误差仅为 0.002 周，在第 300 个、第 400 个历元处添加不同大小的周跳，两种组合的周跳探测误差最大值为 0.091 周，精度良好，通过对第 500 个历元处添加相同大小的周跳可以发现：两组多普勒积分重构组合无法对 3 个频率上相同大小的周跳进行探测，与所有载波相位宽巷组合相似，这是由于三频组合系数和为 0 导致的周跳探测盲点，需要采用不同的方法辅助消除，在第 600 个、第 700 个历元处加入的两组周跳，分别是组合 1 和组合 2 的周跳探测盲点，而针对单一组合的周跳探测盲点，两个不同系数的组合可以探测到彼此的不敏感周跳，从而弥补各自的周跳探测盲点。通过在第 800 个、第 801 个历元处添加连续周跳可以发现：两个组合的周跳探测误差小于 0.1 周，且由于不经过历元间作差，可以快速锁定各个历元产生周跳的大小。

下面利用 15 s 和 30 s 采样率数据进行实验，验证两个组合对低采样率数据的周跳探测能力，对原始数据的周跳探测结果如图 3-32 和图 3-33 所示。

可以看出：无论是在 15 s 还是在 30 s 采样率下，两个多普勒积分重构法的周跳检测量仍然较为稳定，周跳检测量几乎全部在 0.3 周范围以内，在 15 s 和 30 s 采样率原始数据中不同位置处加入与表 3-30 中同样的三频周跳并进行实验，对 15 s 采样率数据的探测结果见表 3-31，对 30 s 采样率数据的探测结果见表 3-32。

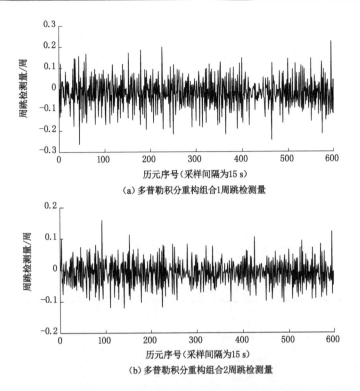

（a）多普勒积分重构组合1周跳检测量

（b）多普勒积分重构组合2周跳检测量

图 3-32　多普勒积分重构法对 15 s 采样率原始数据的周跳探测结果

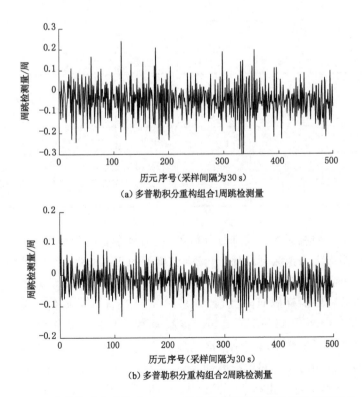

（a）多普勒积分重构组合1周跳检测量

（b）多普勒积分重构组合2周跳检测量

图 3-33　多普勒积分重构法对 30 s 采样率有周跳数据的周跳探测结果

表 3-31　多普勒积分重构法对 15 s 采样率数据的周跳探测结果

历元	各频率上添加的周跳/周			周跳检测量/周		理论值/周	
	B1C	B2a	B3	组合 1	组合 2	组合 1	组合 2
200	1	0	0	−0.973	1.002	−1	1
300	1	2	1	−3.920	2.988	−4	3
400	7	5	6	2.909	−1.984	3	−2
500	1	1	1	−0.034	0.041	0	0
600	−3	2	1	−0.056	−0.962	0	−1
700	5	1	2	0.912	−0.038	1	0
800	−1	2	1	−2.096	0.926	−2	1
801	−5	4	3	4.053	−4.955	4	−5

表 3-32　多普勒积分重构法对 30 s 采样率数据的周跳探测结果

历元	各频率上添加的周跳/周			周跳检测量/周		理论值/周	
	B1C	B2a	B3	组合 1	组合 2	组合 1	组合 2
100	1	0	0	−1.015	1.045	−1	1
150	1	2	1	−4.016	2.971	−4	3
200	7	5	6	3.009	−1.985	3	−2
250	1	1	1	0.083	0.021	0	0
300	−3	2	1	−0.074	−1.044	0	−1
350	5	1	2	0.911	−0.049	1	0
400	−1	2	1	−2.019	0.972	−2	1
401	−5	4	3	3.957	−4.994	4	−5

对两种采样率的周跳探测结果进行分析可知:两个多普勒积分重构组合除了对 3 个频率上相同大小的周跳无法探测到以外,对其余位置处的所有周跳均可以准确探测,且探测误差不超过 0.2 周,而对比 15 s 和 30 s 采样率数据的周跳探测结果可知:两个组合的周跳探测精度不再随着采样率的降低而降低,特别是对 30 s 采样率数据的周跳探测误差均小于 0.1 周,最大值为 0.089 周,部分历元的周跳探测误差小于 15 s 采样率数据,这说明多普勒积分重构法已经摆脱了采样率对周跳探测精度的影响,主要原因是利用卫星星历计算的多普勒积分值相当于按照历元时间进行内插,线性化程度较好,相比于利用多普勒观测值进行周跳探测的方法,多普勒积分重构值不需要再对时间进行积分,很大程度上降低了积分误差的影响,因此其对低采样率数据的周跳探测精度优于多普勒积分法,且对 BDS 卫星不同采

样率数据的周跳探测性能更加稳定。

3.7.6 组合方法周跳探测

三频周跳探测通过将三频载波相位观测值进行线性组合,并利用伪距或多普勒观测值辅助构造组合周跳检测量,并利用周跳检测量的时间连续性,经过历元间作差来检测周跳造成的周跳检测量的突变,以此进行周跳探测和修复,与双频组合周跳检测量相似,一种三频组合系数只能构造一个周跳检测量,这种周跳检测量所获取到的周跳值是三频组合值,要想解算出单一频率的周跳值,就需要构造 3 组不同系数的周跳检测量,从而构建线性无关的 3 个方程,满足解算单频周跳的要求。

选择两个多普勒积分组合和一个 STPIR 组合构建 3 个周跳探测方程,则单频周跳解算方程组可以表示为:

$$\begin{cases} \Delta\hat{N}_{-2,7,-4} = -2\Delta N_1 + 7\Delta N_2 - 4\Delta N_3 \\ \Delta\hat{N}_{1,3,-4} = \Delta N_1 + 3\Delta N_2 - 4\Delta N_3 \\ \Delta\varphi_{\text{STPIR}} = \Delta N_1 + \dfrac{\lambda_2}{\lambda_1}\Delta N_2 - 2\dfrac{\lambda_3}{\lambda_1}\Delta N_3 \end{cases} \tag{3-63}$$

3.7.7 组合方法对周跳和粗差的判断

3.7.7.1 周跳与粗差判别原理

由于周跳和粗差的性质不同,导致二者对载波相位观测值的影响不同:周跳是从产生的历元起,以后的历元均会受到同等程度的影响,而粗差只影响当前历元的载波相位观测值,对之后的历元没有影响。基于这个区别,可以判别周跳和粗差,以三频多普勒积分法联合STPIR 法为例,根据两种周跳检测量的不同构造方式,具体的判断方法为:假设当前历元的任一周跳检测量超过阈值,对于伪距相位组合法,如果当前历元与后一个历元的周跳检测量大小近似相等,符号相反,与此同时,当前历元的 STPIR 法周跳检测量约为相邻两个历元周跳检测量的 2 倍,且符号相反,则认为当前历元存在粗差,否则即为周跳。为了便于计算和识别,粗差判断方法可表示为:

$$\begin{cases} |\Delta\hat{N}_{ijk}(n) + \Delta\hat{N}_{ijk}(n+1)| \leqslant 6\sigma_{\Delta\hat{N}} \\ |\Delta\varphi_{\text{STPIR}}(n) + 2\Delta\varphi_{\text{STPIR}}(n+1)| \leqslant 6\sigma_{\text{STPIR}} \end{cases} \tag{3-64}$$

根据式(3-64)和周跳检测量阈值可知:理论上该方法可以分辨 0.7 个周期以上的周跳和粗差。

3.7.7.2 算例分析

利用 15 s 采样率的观测数据,分别在第 200 个历元处添加(0,0,1)周的小粗差,在第 300 个历元处添加(0,0,1)周的小周跳,在第 400 个历元处添加(7,0,0)周的较大粗差,在第 500 个历元处添加(6,0,0)周的大周跳并进行周跳探测,结果如图 3-34 所示,周跳检测量数据见表 3-33,表中"—"表示周跳检测量不超过阈值。

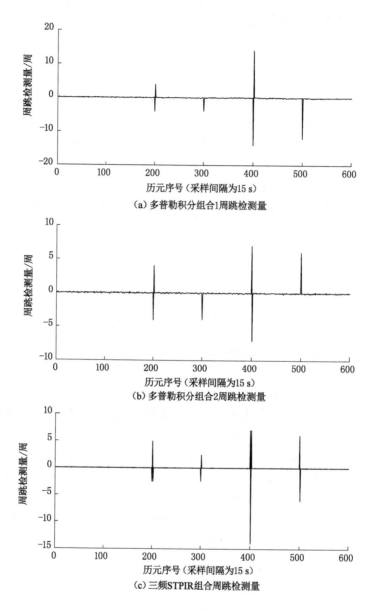

（a）多普勒积分组合1周跳检测量

（b）多普勒积分组合2周跳检测量

（c）三频STPIR组合周跳检测量

图 3-34　组合方法对周跳和粗差的探测结果

表 3-33　组合方法对周跳和粗差的探测结果

周跳检测量异常的历元序号	周跳检测量/周		
	组合 1	组合 2	STPIR 法
200	−3.950	−4.006	−2.499
201	4.038	4.062	4.977
202	—	—	−2.494
300	−3.904	−3.948	−2.419
301	—	—	2.407

表 3-33(续)

周跳检测量异常的	周跳检测量/周		
历元序号	组合 1	组合 2	STPIR 法
400	−13.941	6.937	7.022
401	14.049	−7.116	−14.004
402	—	—	7.006
500	−11.991	5.999	6.032
501	—	—	−6.016

从图 3-34 可以看出:对于伪距相位组合法,周跳只影响当前历元的周跳检测量,使其超出阈值范围,而粗差则会影响当前历元和下一个历元的周跳检测量;对于 STPIR 法,周跳会影响当前历元和下一个历元的周跳检测量出现异常,粗差则会影响当前历元和前后两个相邻历元的周跳检测量。同时利用粗差与周跳判断公式,对表 3-33 中数据计算可知:在第 50 个历元处加入 1 周的粗差时,伪距相位组合 1 在第 50 个、第 51 个历元处的周跳检测量和为 −0.124 周,伪距相位组合 2 在两个历元处的周跳检测量和为 −0.196 周,而第 50 个历元与两倍第 51 个历元的 STPIR 法周跳检测量之和为 0.039 周,可知 3 个数值均未超出粗差的判断范围,因此可以判定为粗差而不是周跳。在第 100 个历元处加入 1 周的周跳时,根据判断公式可以得出 3 个数值均超出粗差判断范围,则可以判定发生了周跳。另外,组合方法也能准确判断出第 150 个历元和第 180 个历元的较大周跳和粗差,由此可见组合方法对 1 周以上的周跳和粗差具有良好的辨别能力。

3.8　结论与展望

3.8.1　结论

本章主要对 BDS 系统载波相位周跳探测和修复问题进行研究,分别论述了单双频和三频周跳探测方法,并针对多普勒积分法用于多频周跳探测的问题进行了相关研究,提出了多普勒积分用于双频和三频周跳探测的方法,在此基础上又提出了将广播星历进行多普勒积分重构用于三频周跳探测的方法,并通过周跳探测实验验证了每种方法的周跳探测性能。本章的主要研究成果和结论如下:

(1) 介绍了 BDS 系统的构建,描述了广播星历的基本参数,论述了周跳探测与修复的基本理论,为载波相位周跳探测奠定了理论基础。

(2) 系统阐述了单频周跳探测方法,包括高次差法、多项式拟合法、相位减伪距法和多普勒积分法,利用 BDS 卫星单频观测数据进行了周跳探测实验,检验每种方法的周跳探测效果,同时分析了多普勒积分法的周跳探测误差影响因素。

(3) 讨论了双频周跳探测方法,包括 MW 组合、电离层残差法和双频 STPIR 法,针对电离层活跃环境中的双频周跳探测问题,利用 C16 卫星的双频观测数据检验了电离层残差法和 STPIR 法对电离层活跃环境中的周跳探测性能,证明了 STPIR 法受电离层残差的影响更小,更适合在电离层活跃环境中进行周跳探测。另外提出了一种双频多普勒积分周跳探测方法。实验表明：在高采样率下，该方法的周跳探测误差小于 0.1 周，可以对 1 周以上的周跳进行有效探测。

（4）针对三频周跳探测问题，首先，论述了传统的周跳探测方法，同时根据周跳检测量的影响因素设定系数选择条件，选定各个方法最优的组合系数，并利用 BDS 卫星三频观测数据进行周跳探测实验；然后，根据基于多普勒观测值提出了三频多普勒积分法，实验表明三频多普勒积分法通过载波相位宽巷组合，降低了积分误差对周跳检测量的影响，使其在较低采样率下仍保持着良好的周跳探测精度，但采样率对周跳检测量的影响还存在；最后，在提出一种利用广播星历进行多普勒积分重构的周跳探测方法，通过对不同采样率数据的周跳探测结果说明，三频多普勒积分重构方法进一步降低了多普勒积分误差对周跳探测精度的影响，在 30 s 采样率下，周跳探测精度稍优于伪距相位组合法，且根据其利用广播星历参与计算的原理，使得该方法可以在接收机运动状态下完成对载波相位观测值进行周跳探测和修复，具有更好的适用性。

3.8.2 展望

目前北斗系统已经全面建成并投入使用，随着各项技术的不断创新，北斗系统的各项功能也在逐步完善和提升。本章针对北斗卫星载波相位周跳探测问题进行了一系列研究，但仍存在诸多不足之处，因此在接下来的研究工作中可以对以下方向进行深入探索：

（1）随着 GNSS 系统的不断发展，多系统融合定位将成为新的研究热点，多个卫星导航系统可以提供更多样化的观测数据，也就为四频甚至五频精密定位提供了可能，这就需要探索新的多频周跳探测方法，更加全面、彻底地完成周跳的探测和修复，保证优良的数据质量。

（2）多普勒观测值用于周跳探测具有优势，其接收机运动状态影响较小。目前，多普勒观测值用于周跳探测的研究大多数基于单频数据进行，如何将不同频率的多普勒观测值进行组合构造周跳检测量是一个重要问题。另外，多普勒积分周跳探测精度受采样率影响较大，主要原因是低采样率时梯形积分误差较大，需要考虑新的积分方法或者对低采样率的多普勒观测数据进行内插处理，以减小积分误差的影响，提高该方法的适用性。

4 BDS 星载原子钟性能分析及精密钟差建模预报

4.1 研究背景及意义

4.1.1 研究背景

自从 1973 年美国成立联合办公室用于建设全球定位系统(global positioning system, GPS)以来,经历了几十年的长足发展,卫星导航系统已经逐步成熟并向着平稳发展的方向迈进,在经济交通等领域发挥着不可替代的重要作用,为国家的经济发展提供不可或缺的动力[41]。如今,以四大导航系统为核心的全球卫星导航系统(global navigation satellite system,GNSS)的应用已经深入各行各业,与人类的生产、生活密不可分。由于 GNSS 系统优良的定位精度、广阔的覆盖面积和实时廉价等优点,使其在气象学、地球动力学、测量学等领域发挥着重要作用,GNSS 产业的发展前景也日益广阔[42-44]。

北斗卫星导航系统(BeiDou navigation satellite system,BDS)是中国完全自行研制的全球卫星导航系统,其目的是建成全球覆盖性卫星导航系统[45],且具有独立自主的知识产权,兼容其他导航系统的良好运行特性,稳定并可靠地为定位授时等提供技术支持和服务。BDS 的发展从 20 世纪 70 年代末开始,为提高国家综合国力和国际地位,更好地为国家和世界提供服务必须找到能够适应各种条件的卫星定位方案。1983 年,陈芳允首次提出区域导航概念,即利用 2 颗地球静止轨道卫星进行数据传输。经过充分、严密的论证后,我国 BDS 于 1994 年正式开始建设。2000 年成功发射的 2 颗卫星是中国北斗一代的建立标志[46]。这表明中国正式加入卫星导航系统建设的国家之中。

北斗系统遵循建设策略持续发展,采取"先实验、后区域、再全球"的顺序,即 BDS 建设"三步走"战略:第一步,2003 年利用同步轨道卫星初步满足中国及周边地区的定位导航和授时需求;第二步,构建中高轨混合星座架构;第三步,架设星间链路,实现全球组网。2020 年 7 月 31 日,北斗三号系统正式开通。至此 BDS 建设三步走提前半年圆满完成。相比于其他导航定位系统,除常规的导航定位授时等服务外,北斗导航系统还具有特有的短报文功能,初期能够输入 140 个字符的信息,该功能在汶川地震等自然灾害防治中起到了重要作用[47]。由此可知:北斗卫星导航系统的成熟与完善,在保障国家安全、推动经济发展等方面起到了重要作用。

北斗卫星星座结构与 GPS 卫星星座有较大的区别,GPS 卫星星座是单一卫星星座,仅由中地球轨道(medium earth orbit,MEO)卫星组成,而 BDS 的卫星星座结构是混合星座结构,由 3 种轨道组成,其空间星座是由 5 颗地球静止轨道(geostationary earth orbit,GEO)

卫星、3 颗倾斜地球同步轨道(inclined geo-synchronous orbit,IGSO)卫星和 27 颗 MEO 卫星组成。表 4-1 为北斗二号与北斗三号卫星星座基本信息。其中,IGSO 卫星和 GEO 卫星的轨道高度为 35 786 km,MEO 卫星的轨道高度为 21 528 km,从轨道高度来看,GEO 卫星与 IGSO 卫星和 MEO 卫星相比,轨道高度更高,能够观测到数量更多的高仰角卫星,以此来达到更高的准确性和精密度[48]。从卫星运行轨迹来看,3 种卫星的运行轨迹均不相同,各自负责不同的工作,实现所对应的功能。北斗系统混合星座分布图如图 4-1 所示。

表 4-1　北斗二号和北斗三号卫星星座基本信息

卫星类型	轨道高度/km	北斗二号	北斗三号
GEO	35 786	5 颗	3 颗
IGSO	35 786	5 颗	3 颗
MEO	21 528	4 颗	24 颗

图 4-1　北斗系统混合星座分布图

4.1.2　研究意义

北斗系统提供的服务,其精度受到很多因素的影响,其中,时间在卫星导航定位中起到至关重要的作用,是影响导航定位精度的重要因素[49]。星载原子钟是时间基本钟的载荷核心,其性能与卫星服务的精度息息相关。在卫星导航系统中,系统卫星钟钟面值与标准时的误差被称为卫星钟差(satellite clock bias,SCB)[50]。卫星在进入既定轨道后,星载原子钟的变化受到多种因素的影响,包括卫星钟自身的敏感度,钟所处的外太空的复杂的环境情况等,所以掌握星载原子钟微小、细致的变化规律变得十分困难。而早期 BDS 搭载的国产铷钟(Rb)受到制作工艺等条件的限制,相对于其他卫星导航系统,自身稳定性和精度有一定差距。现如今我国北斗系统星载原子钟也在实时更新。北斗三号卫星配备了性能更高的原子钟,但使用时间尚短,需要进一步了解其性能,国际 GNSS 服务中心的精密星历一般在 13 d 之后才能获取,严重阻碍了 GNSS 的发展。因此基于北斗系统的星座特点,充分分析 BDS 原子钟的特点,在已知少量数据的前提下进行合理外推,从而提高卫星钟差的利用效率,这对预报高精度的卫星钟差具有较大的价值和意义。

4.2 国内外研究现状

4.2.1 星载原子钟性能研究

星载原子钟是将空间原子钟用于导航定位技术,空间原子钟是在地面原子钟基础上改进得到的。地面原子钟技术的发展已日趋成熟,但由于复杂的太空环境,如温度、磁场、辐射等,空间原子钟仍具有其特殊性。

Sputnik 卫星在 1957 年成功发射,从此人类进入太空时代。太空中的原子钟极大地推动了 GNSS 系统的建设与发展,其可靠性、稳定性和兼容性均影响 GNSS 系统导航定位授时等服务的精度。

在星载原子钟分析方面,Epstein 从具体数学算法和钟设计的角度着手,降低了频率跳变对星载原子钟的性能不稳定的影响。Reid 采用频谱分析方法,从周期性入手,发现星载原子钟具有半天、天、季节、年等不同周期的普遍规律。Huang 等利用 IGS 提供的数据分析了 GPS 星载原子钟的长期变化规律,推算出频率稳定度与钟差噪声之间的关系,并针对不同类型卫星钟的固有属性提出相应的改进方法。Senior 等对 GPS 卫星钟的周期性变化和稳定度进行了研究,使得钟差预处理工作高效提高,为进一步建模预报提供了可能[29]。Waller 等分析了伽利略卫星导航系统(Galileo navigation satellite system,Galileo)星载原子钟的性能,重点研究了系统误差与相对论效应对原子钟精度的影响。Wang 等对 Galileo 星载氢原子钟的使用寿命进行了研究,结果表明该型号原子钟能够以较高精度持续运行 12 年以上。Griggs 分析了格洛纳斯卫星导航系统(global navigation satellite system,GLONASS)与 GPS 星载原子钟在短期内的精度,结果表明由于 GLONASS 中常含有频标误差,故 GPS 的稳定性与精度高于 GLONASS。Chen 等系统分析了北斗二代卫星钟性能,通过与 GPS 对比后发现,二者在精度与稳定度上相差很小且均能满足导航与授时的要求。Steigenberger 等通过修正阿伦方差对北斗的 IGSO 和 GEO 卫星钟的稳定度进行了分析。Tavella 等对多个系统的卫星钟进行分析,研究发现数据中具有多种性能异常点,并将它们与卫星钟寿命建立了联系。Hauschid 采用阿伦方差为指标,对在轨 GNSS 卫星钟进行了短期稳定度分析,并验证了不同卫星钟对精密单点定位精度的影响。

潘熊等为了更加有效地分析北斗二号卫星钟在轨性能,将 Score 检测量引入中长异常探测,并利用中位数法进行质量控制,再从频率准确度、频率漂移率、频率稳定度、周期特性、噪声类型等方面对在轨卫星的相关性能进行全面评估与分析。黄观文采用十年的精密钟差数据对 GPS 进行了性能评估。赵丹宁等基于欧洲定轨中心(center for orbit determination in europe,CODE)提供的 3 年的多星定轨解算的 GLONASS 精密钟差产品,分析在轨铷钟的相位、频率、频漂等数值变化及长期变化特性,结果表明星钟模型的噪声与稳定度呈负相关,新卫星钟的性能与旧卫星钟相比具有更好的物理特性和更低的系统噪声。丁毅涛采用四种不同导航系统服务组织提供的精密星历产品,基于不同评价指标,分析了 GPS、BDS、Galileo 和 GLONASS 在轨卫星钟性状,得出一定有益的结论,为精密定位、精密授时用户提供参考借鉴,也为卫星钟后续监测提供参考。郭海荣从时域和频域两个角度分析原子钟频标内部噪声对输出标准频率信号的影响比较,从频域角度解释了时域稳定性分析方法的本质,在此基础上推导出了方差传递函数,进一步明确了方差的适用范围。

4.2.2 精密钟差预报研究

时间同步是导航定位与授时中的一项重要技术,高精度的时间基础是导航定位系统正常运行的前提。已有的研究表明:星载原子钟的系统性可以用确定性函数来表示,但是随机性部分是随机变量,受多种因素影响且具有不确定性,这使得建立高精度的卫星原子钟模型变得非常困难。因此,国内外学者在卫星钟差的建模与预测方面进行了大量研究。

国外方面,Allan 运用统计理论推导出了五种常见噪声情况下钟差的最优估值,并在此基础上给出了相应预报值的不确定度及其渐进趋势。Ferre-Pikal 在 1997 年给出了结合频率稳定性分析结果的钟差预报近似公式,简单且实用。Vernotte 等推导出了 5 种噪声情况下一阶多项式、二阶多项式的外推误差方差,并在分析外推误差统计特性的基础上给出了外推误差的置信度。Senior 通过对一天内的 5 min 采样间隔和 30 s 采样间隔的 IGS 钟差产品进行分析,得出了卫星钟所具有的随机幂律特性,并根据该特性评估了钟差预报误差的特点。Youn Jeong Heo 等通过增加周期项来消除钟差周期性的影响并根据相空间延迟坐标重构理论建立了一种相对可靠的动态钟差预报系统,实现了一天内钟差亚纳秒级的预报精度。Davis 等提出一种基于改进钟差确定性部分和随机部分的 Kalman 滤波钟差预报方法,使用 IGS 的快速钟差产品进行建模,对于ⅡR 和ⅡF 型卫星可获得一天内误差小于 1 ns 的预报结果,并验证了该方法能够获得较好的钟差预报结果。Epstein 等通过对在轨铷钟的研究表明:用 Kalman 滤波对 GPS 卫星进行时长 6 h 的预报,所求得的误差为 8～9 ns。澳大利亚的 Broederbauer 和 Weber 通过研究钟差的周期性提出了附加周期项的二次多项式模型,该方法的预报精度在 6 h 内可达 2 ns,相比于 Epstein 的方法具有较大的提高。Stein 和 Howe 等用时间序列模型研究原子钟的钟差预报变化规律,得到了一些有益的结论。Panfilo 等通过随机微分方程导出的卫星钟数学模型,给出了钟差最优预测方法和钟差预报误差计算方法,并验证了该方法的有效性,同时建立了包括确定性模型和随机性模型的卫星钟差预报的数学模型,并对 Galileo 系统的卫星钟差进行了预报分析。Zucca 等在更改数学模型的基础上研究了包含钟差异常的扩展模型,并给出了迭代求解方法,用于处理 GNSS 卫星钟的钟跳、频跳、频漂变化以及噪声方差突变等异常情况。

国内学者基于五种常见的噪声推出了卡尔曼滤波模型的通用方程。杨元喜等做了大量研究卡尔曼滤波的工作,提出了三种关于卡尔曼滤波的方法:其一是由方差分量构造统计量的卡尔曼滤波,其二是基于预报残差的卡尔曼滤波,其三是基于不符值构造原理的自适应抗差滤波。这些方法能够有效确定状态模型和观测信息,在导航定位领域和卫星重力领域都有很好的应用。

在自适应共振理论基础上,雷雨等提出了确定神经网络隐含层个数的极限学习机神经网络模型,利用自适应共振网络特性进行网络设计,研究结果表明:该模型预测效果明显优于二次多项式模型和灰色系统模型(gray model,GM)。毛亚等将 GM(1,1)模型与修正指数曲线模型巧妙结合,极大地削弱了残差的误差,其精度相比于传统模型提高近 50%。于烨等利用相空间重构确定卫星钟差的混沌特性,以混沌时间序列为基础提出一种新的卫星钟差预测算法。该算法在超短期预测中具有较高的精度,为克服由于卫星钟差非线性特性造成的困难提供了解决方案。为克服灰色模型区分新旧信息能力差的缺点,李源等将遗忘因子最小二乘法和系数优化因子引入 GM(1,1)模型,构成全新的优化模型,有效提高了模型在钟差预测中的自适应能力。朱江淼等将限制幅度值和预测惩罚机制加入反向传播(back propagation,BP)神经网络模型,实验结果表明:改进 BP 神经网络模型的表现比线性回归预测模型和支持向量机(support vector machine,SVM)预测模型更稳定、更精确,提高了氢原子钟的钟差预测精度。王瑞等有效利用了径向基函数(radial basis function,RBF)神经网络的逼近能力,将滑动窗口算法与 RBF 神经网络结合,实验结果表明:该方法在GNSS 钟差预报中有较好的效果。梁月吉等利用双树小波对钟差进行分解,利用广义回归神经网络预报钟差分量,最后进行预报重构。研究结果表明:双树波分解预报法精度优于灰色模型和支持向量机模型。王旭等[51]为完善神经网络小波函数,提出将 Shannon 熵-能量比作为最优小波函数选择的评价指标,以此指导最优小波函数作为小波神经网络(wavelet neural network,WNN)模型的激活和函数,达到提高 GPS 钟差预报精度的目的。孙鹏超等为解决 BP 神经网络中权值与阈值不确定、训练易陷入局部极小无法达到全局最优,提出采用遗传优化算法对 BP 模型参数进行优化,在建模预报中寻找 BP 神经网络模型全局最优权值和阈值,研究结果表明:基于遗传优化算法的 BP 神经网络模型的预报精度优于 GM(1,1)模型和常规 BP 神经网络模型。吕栋等利用思维进化算法(mind evolutionary algorithm,MEA)优化 BP 神经网络模型参数,该算法在 GPS 钟差预报中有较好的适用性和稳定性[52]。黄飞江等针对单一钟差模型稳定性差、预测风险高的问题,提出灰色模型与混沌时间序列的组合模型。采用小波分解钟差序列,然后用基于混沌时间序列的灰色模型预测钟差分量,最后进行序列重构,最终完成预测。该方法充分利用了钟差序列的非线性特征,提高了钟差预测精度的可靠性和精度。

综上所述,现阶段大多数钟差研究都以 GPS 数据为实验基础,而且方法和模型都有一定的局限性,在 BDS 日益完善的今天,结合北斗卫星钟特点,建立高精度钟差预测模型是十分有必要的。

4.2.3 主要研究内容

在查阅相关文献资料的前提下,了解卫星钟误差的研究背景、意义及研究现状,本书采用国际 GNSS 服务组织(international GNSS Service,IGS)卫星钟差产品,对 BDS 精密卫星钟差的异常情况进行分析研究。根据卫星钟特性分析的理论方法,对 BDS 卫星的性能进行分析。针对目前现有的钟差预测模型的局限性,结合 BDS 卫星钟的自身固有属性和特点,提出了一种新的钟差预测方法。本书的主要研究内容如下:

(1)介绍了本书的研究背景及意义,国内外星载原子钟性能和卫星钟差预测的研究进展和研究现状。

(2)下载 IGS 发布的 BDS 精密卫星钟差数据,参考 GPS 钟差数据特性分析方法制定 BDS 钟差特性分析策略,以相位、频率、频率漂移率、频率准确度等指标分析 BDS 原子钟基本特性。

（3）结合 BDS 原子钟的特点，提出采用四分位数粗差探测法进行钟差数据预处理，并设计对比实验，突出四分位数粗差探测法在数据预处理中的可行性和优越性。

（4）针对常规钟差预测模型预测精度较差和存在误差累积等问题，本书提出了一种改进的极限学习机（extreme learning machine，ELM）钟差预测模型，首先采用遍历法确定 ELM 模型中隐含层神经元个数和具体激励函数。然后采用遗传优化算法对 ELM 模型中的权值和阈值寻优，得到更适合钟差预测的模型参数，最后将优化后的 ELM 模型用于精密钟差预测。同时设计对比实验定量分析改进 ELM 模型、GM（1,1）等模型在不同建模数据和不同预报时长下的精度，使用残差、均方根误差等评价指标验证改进 ELM 模型在 BDS 钟差预测中的可行性和稳定性。

（5）对本书的工作进行总结，同时分析不足并提出今后的研究重点。

4.2.4 技术路线

本书采用四分位粗差探测法进行数据预处理实验，将 ELM 模型从激励函数、隐含层节点数、隐含层权值和阈值三个方面进行优化，建立优化后的 ELM 模型，并通过控制变量的思想设计预测对比实验，验证改进 ELM 模型在精密钟差预测中的稳定性和可行性。技术路线图如图 4-2 所示。

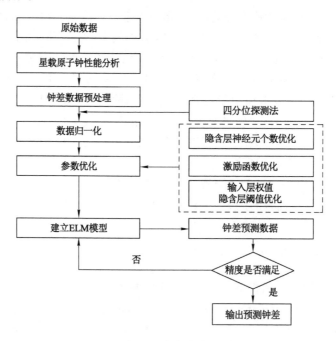

图 4-2　技术路线图

4.3　卫星钟差及原子钟特性分析基本理论

高精度的定位授时服务需要高精度的时间系统作为基础，只有保证精准的时间才能提供优质的卫星服务。而星载卫星钟作为提供卫星导航的基准时间设备,其性能直接决定了导航卫星时间的准确性,进行钟差数据处理之前和性能评估之前必须要了解星载原子钟的相关物理意义和定义,原子钟性能评估又是钟差预报的前期必不可少的准备工作。因此本章主要介绍了导航系统的服务组织、钟差解算原理及钟差文件的数据结构,最后明确了卫星钟分析的评价指标。

4.3.1　导航系统服务组织

4.3.1.1　国际 GNSS 服务组织

随着航天事业的大力发展,为了更好地为大地测量学和地球动力学服务,国际大地测量协会(International Association of Geodesy,IAG)研究决定在 1993 年成立国际协作组织。该组织于 1994 年 1 月 1 日正式开始为广大用户提供 GPS 数据产品,此后,随着 GLONASS 等其他系统的加入,2005 年该组织正式更名为国际 GNSS 服务,主要由卫星跟踪站、数据中心、分析中心、综合分析中心、中央局和管理委员会组成。

卫星跟踪站主要负责收集和获取 GNSS 卫星的观测数据。目前 IGS 已经有 400 多个 GNSS 跟踪站,为 GNSS 解算卫星精密星历提供数据支持(表 4-2)。数据中心的任务是数据采集和数据转换等。根据工作范围数据中心可分为全球数据中心、区域数据中心和工作数据中心。分析中心利用从全球数据中心获取的观测资料进行独立计算,从而得出 GPS 卫星星历、钟差、跟踪站坐标等数据产品。IGS 网站的数据几乎都可以免费获取,使得民众在科研、教育、交通等方面受益。

表 4-2　IGS 产品信息

产品类型	轨道精度/cm	钟精度/ns	时延/h	轨道采样间隔/min	钟采样间隔/min
超快速(实测)	3	0.15	3~9	15	5
超快速(预报)	5	3	实时	15	5
广播星历	100	5	实时	0.5	0.5
快速	2.5	0.075	17~41	15	5
最终	2.5	0.075	228~432	15	0.5

4.3.1.2　国际 GNSS 监测评估系统

为完善和推广 BDS 系统以更好地为 GNSS 用户服务,我国建立了自己的导航服务组织——国际 GNSS 监测评估系统(International GNSS Monitoring & Assessment System,iGMAS)。iGMAS 的主要任务是对 BDS 的运行状况和主要性能指标进行监测和评估,为用户提供 GNSS 服务。

iGMAS 的组成与 IGS 类似,二者都是由跟踪站、数据中心、分析中心等组成。跟踪站主要负责完成 BDS/GPS/GLONASS/Galileo 等 GNSS 的信号接收和测量、原始观测数据的采集,继而进行数据合理性检验和数据预处理,最后将数据发送到数据中心备份。数据中心是 iGMAS 原始观测数据收集汇集点,接收 30 个跟踪站发送的数据,实现数据质量分析、数据格式转换、数据的归档和存储等功能。数据中心将数据提供给分析中心、监测评估中心和产品综合与服务中心,并接收与存储产品综合与服务中心产生的综合产品。数据中心还可以为授权用户提供数据服务。目前,长沙、武汉、西安 3 个数据中心均已建成,三者互为备份,提高系统容错率。分析中心从数据中心获取各种数据,分析处理后得到高精度数据产品。分析中心再将这些产品通过产品服务中心分享给用户,同时数据需在数据中心储存备份。

4.3.2　钟差解算原理

利用观测数据进行钟差函数模型建模时,一般采用基于伪距和载波数据的非差模型或者是仅基于载波数据的历元间非差分模型。两种模型有其各自优缺点,非差模型的优点是历元间相对独立,但是需要解算模糊度参数,计算量大;而历元间差分模型的优势是通过差分法消元,使得模糊度参数大幅度减少,但是也导致历元间的强相关性,卫星钟差的初始值不易获取。为了更好地解算钟差,克服两种模型的局限性,宋伟伟等提出混合差分模型用以解算钟差[53]。

（1）非差模型

采用电离层组合的相位和伪距观测值建立并列方程,从而得出卫星钟差估计值是非差模型的基本原理。在求解精密钟差时,在固定卫星轨道和测站位置的基础上,利用模型或已知文件建立非差形式的观测方程,最后对精密钟差进行估计。其观测方程如下:

$$v_{k,p}^j(i) = c[dt_k(i) - dT^j(i)] + \delta d_{k,\text{tro}}^j(i) + \rho_k^j(i) - P_k^j(i) + \varepsilon_{k,p}^j(i) \tag{4-1}$$

$$v_{k,l}^j(i) = c[dt_k(i) - dT^j(i)] + \delta d_{k,\text{tro}}^j(i) + \rho_k^j(i) + \lambda \cdot L_k^j(i) + \varepsilon_{k,l}^j(i) \tag{4-2}$$

式中,c 为光速;i 为历元序号;k 为测站号;$\delta d_{k,\text{tro}}^j(i)$ 为对流层延迟;λ 为组合观测值波长;$dt_k(i)$ 为接收机钟差;$dT^j(i)$ 为卫星钟差;$\varepsilon_{k,p}^j(i)$,$\varepsilon_{k,l}^j(i)$ 为噪声;$P_k^j(i)$ 为伪距组合观测值;$L_k^j(i)$ 为相位组合观测值。

在解算卫星钟差时,因为对流层延迟误差变化较为缓慢,故每小时估计一组参数即可。求解出的卫星钟差通常并不是绝对值而是相对值,因此在求解未知参数之前需要先确定一个基准,然后才能求解相对于此基准钟的卫星钟差。当接收机精度达到 10^{-6} s 时,解算时不会影响卫星钟差的精度,可以作为基准钟。

（2）历元间差分模型

虽然非差模型历元间相对独立,但是需要解算大量的模糊度参数,使得解算效率过低,因此在实时解算中不适合有过多测站参与解算。当历元间没有发生周跳时,可以对历元间的观测值作差,消除大量的模糊度参数,然后并列所有测站载波观测值的历元间差分方程。在求解钟差时,首先固定轨道与测站的位置,然后利用模型和文件进行改正后建立历元差分观测方程,最后对未知参数进行估计,采用此方法解算可以进一步提高解算速度。其误差方程为:

$$
\begin{aligned}
v_{k,\Delta p}^j(i,i-1) &= c\Big\{[dt_k(i) - dt_k(i-1)] - [dT^j(i) - dT^j(i-1)] + [\delta d_{k,\text{tro}}^j(i) - \\
&\quad \delta d_{k,\text{tro}}^j(i-1)] + [\rho_k^j(i) - \rho_k^j(i-1)] - [p_k^j(i) - p_k^j(i-1)] + [\varepsilon_{k,p}^j(i) - \\
&\quad \varepsilon_{k,p}^j(i-1)]\Big\} \\
&= c[\Delta dt_k(i,i-1) - \Delta dT^j(i,i-1)] + \Delta \delta d_{k,\text{tro}}^j(i,i-1) + \Delta l_{k,p}^j(i,i-1)
\end{aligned}
\tag{4-3}
$$

$$v_{k,\Delta l}^j(i,i-1) = c\Big\{ \big[dt_k(i)-dt_k(i+1)\big]-\big[dT^j(i)-dT^j(i+1)\big]+\big[\delta d_{k,\text{tro}}^j(i)- $$

$$\delta d_{k,\text{tro}}^j(i-1)\big]+\big[\rho_k^j(i)-\rho_k^j(i-1)\big]+\lambda\big[N_k^j(i)-N_k^j(i-1)\big]- $$

$$\lambda\big[l_k^j(i)-l_k^j(i-1)\big]+\big[\varepsilon_{k,l}^j(i)-\varepsilon_{k,l}^j(i-1)\big]\Big\} $$

$$= c\big[\Delta dt_k(i,i-1)-\Delta dT^j(i,i-1)\big]+\Delta\delta d_{k,\text{tro}}^j(i,i-1)+\Delta l_{k,l}^j(i,i-1) $$

$$(4\text{-}4)$$

式中，$\Delta dT^j(i,i-1)$为历元间卫星钟差差值；$\Delta dt_k(i,i-1)$为历元间接收机钟差差值；$\Delta\delta d_{k,\text{tro}}^j(i,i-1)$为历元间对流层延迟误差差值；$\Delta l_{k,p}^j(i,i+1)$，$\Delta l_{k,l}^j(i,i-1)$为历元间各项误差改正差值。

分析式(4-3)与式(4-4)可知：历元差分模型并不是对钟差的直接估计，而是对钟差变化量进行估计，因此在进行钟差重构时需要已知的参考时刻作为初始历元，通过初始历元经解算的历元间钟差差值进行积累，最后得到不同时刻的卫星钟差。由此可见：初始历元的准确与否与计算钟差的精度密切相关，虽然钟差初始值可以通过导航电文的数据简单计算即可得到，但这就导致所求钟差值均含有系统偏差。针对该问题许多专家研究后得出结论：系统偏差不会影响定位精度。

(3) 混合差分模型

混合差分卫星钟差模型是先利用历元间差分的载波观测值建立方程并解出历元间卫星钟差差值，然后结合非差分伪距观测值求出卫星钟差初始值，最后重构得到各个历元下的钟差。

首先对历元间的无电离层组合载波观测值作差，在已知基准钟的前提下，估计历元间钟差变化值和对流层延迟参数。作差后的公式如下：

$$v_{k,\Delta l}^j(i,i-1) = c\big[\Delta dt_k(i,i-1)-\Delta dT^j(i,i+1)\big]+\Delta\delta d_{k,\text{tro}}^j(i,i-1)+\Delta l_{k,l}^j(i,i-1)$$

$$(4\text{-}5)$$

式中，$\Delta dT^j(i,i+1)$为历元间卫星钟差差值；$\Delta dt_k(i,i-1)$为历元间接收机钟差差值；$\Delta\delta d_{k,\text{tro}}^j(i,i-1)$为历元间对流层延迟误差；$\Delta l_{k,l}^j(i,i-1)$为历元间各项误差改正。

由于海潮、接收机天线相位中心偏差对解算 $\Delta l_{k,l}^j(i,i-1)$ 有影响，因此需先利用相应文件改正测站坐标，之后再进行迭代求解卫星轨道和其他误差项。然后根据解算的历元间钟差变化值和对流层参数，结合无电离层组合伪距观测值的非差分模型求解卫星钟差初始值。观测方程如下：

$$v_{k,p}^j(i) = c\Big[dt_k(i_{k0})-dT^j(i_{j0})+\sum_{h=i_{k0}+1}^{i}\Delta dt_k(h)-\sum_{h=i_{k0}+1}^{i}\Delta dT^j(h)\Big]+l_{k,p}^j(i)+\delta d_{k,\text{tro}}^j(i)$$

$$(4\text{-}6)$$

式中，$dt_k(i_{k0})$为接收机钟差的初始偏差；$dT^j(i_{j0})$为卫星钟差的初始偏差；$\Delta dT^j(h)$为解算出的卫星钟差变化值；$\delta d_{k,\text{tro}}^j(i)$为第$i$个历元的对流层延迟误差；$l_{k,p}^j(i)$为第$i$个历元的各项误差改正。

最后根据解算的卫星钟差变化值和钟差初始值重构卫星钟差。计算公式如下：

$$dt_k(i_k) = dt_k(i_{k0})+\sum_{h=i_{k0}+1}^{i}\Delta dt_k(h)$$

$$(4\text{-}7)$$

$$dT^j(i_j) = dT^J(i_{j0}) + \sum_{h=i_{k0}+1}^{i} \Delta dT^j(h) \qquad (4\text{-}8)$$

混合差分模型实际上是非差模型和历元间差分模型的结合产物,在效率上优于非差模型,在精度上优于历元间差分模型,有着非常好的应用效果。

4.3.3　钟差文件简介

精密卫星钟差数据可以从 IGS 网站获取,IGS 精密钟差文件为 clock 文件,数据格式为 clk(∗ . clk),以 ASCII 文本形式储存[55]。精密钟差文件命名格式为 ssswwwwd. clk。其中,sss 表示提供精密钟差的类型或组织机构,如以 igs 开头的. clk 文件为事后精密钟差文件,以 igr 开头的文件为快速精密钟差文件,gfz、cod、jpl、emr、esa 等均为 IGS 的分析组织。wwww 表示 GPS 周数,d 表示星期(1~6 对应星期一到星期六,0 表示星期日)。通常情况下,IGS 网站中的精密钟差采用一种与接收机无关的转换格式(receiver independent exchange format,Rinex)对数据进行储存,后缀为. clk,采样间隔分为 5 min 和 30 s。

Rinex 数据文本的内容包括头文件记录和钟差数据记录两个部分。头文件包含 Rinex 的版本号、文件类型、计算组织、数据类型、分析中心、测站名称等信息。1~8 行为基本信息,9~143 行为测站名及坐标信息。如图 4-3 所示。

```
        3.00           C                                      RINEX VERSION / TYPE
EPOS-8              GFZ              20200731 162356 LCL PGM / RUN BY / DATE
        2    AS    AR                                  # / TYPES OF DATA
GFZ    GeoForschungsZentrum Potsdam                    ANALYSIS CENTER
        1                                              # OF CLK REF
nrc1 40114M001                                         ANALYSIS CLK REF
Clocks are re-aligned to broadcast GPS time            COMMENT
      135        IGS14                                  # OF SOLN STA / TRF
kit3 12334M001            1944944716    4556652348    4004326053SOLN STA NAME / NUM
lpgs 41510M001            2780102990   -4437419055   -3629404342SOLN STA NAME / NUM
mizu 21702M002           -3857170996    3108692869    4004040194SOLN STA NAME / NUM
nya2 10317M008            1202397275     252474679    6237786599SOLN STA NAME / NUM
ous2 50212M002           -4387891078     733420987   -4555176012SOLN STA NAME / NUM
pots 14106M003            3800689382     882077633    5028791463SOLN STA NAME / NUM
ric2 41507M006            1429907894   -3495354946   -5122698521SOLN STA NAME / NUM
sgoc 23501M003            1113279656    6233644320     760277244SOLN STA NAME / NUM
sutm 30314M004            5041190270    1916067428   -3397189145SOLN STA NAME / NUM
ulab 24201M001           -1257409011    4099404328    4707992560SOLN STA NAME / NUM
unsa 41514M001            2412830480   -5271936792   -2652208868SOLN STA NAME / NUM
urum 21612M001             193030156    4606851288    4393311509SOLN STA NAME / NUM
wind 31101M001            5633708798    1732018041   -2433985493SOLN STA NAME / NUM
adis 31502M001            4913652557    3945922844     995383528SOLN STA NAME / NUM
aira 21742S001           -3530185847    4118797209    3344036704SOLN STA NAME / NUM
alic 50137M001           -4052052758    4212835976   -2545104556SOLN STA NAME / NUM
artu 12362M001            1843956342    3016203253    5291261794SOLN STA NAME / NUM
aspa 50503S006           -6100260182    -996502583   -1567977207SOLN STA NAME / NUM
bogt 41901M001            1744398873   -6116037013     512731917SOLN STA NAME / NUM
brew 40473M001           -2112007378   -3705351824    4726827031SOLN STA NAME / NUM
brmu 42501S004            2304703265   -4874817170    3395187058SOLN STA NAME / NUM
brst 10004M004            4231162395    -332746404    4745131084SOLN STA NAME / NUM
brux 13101M010            4027881368     306998754    4919499028SOLN STA NAME / NUM
cas1 66011M001            -901776131    2409383218   -5816748532SOLN STA NAME / NUM
```

(a) 数据头文件1

```
cpvg 39601M001            5626883442   -2380932337    1824483998SOLN STA NAME / NUM
mayg 90101M001            4379104204    4418744625   -1401897791SOLN STA NAME / NUM
tidv 50103M108           -4460996979    2682557083   -3674442608SOLN STA NAME / NUM
stj3 40101M005            2612588515   -3426820659    4686773834SOLN STA NAME / NUM
yel2 40127M006           -1224442170   -2689174685    5633660371SOLN STA NAME / NUM
ascg 30602M001            612115564    -1563978953    -872615296SOLN STA NAME / NUM
owmg 50253M004           -4584394278    -290931600   -4410047890SOLN STA NAME / NUM
enao 31902M005            4375732157   -2329166812    4000238276SOLN STA NAME / NUM
      124                                              # OF SOLN SATS
G01 G02 G03 G04 G05 G06 G07 G08 G09 G10 G11 G12 G13 G15 G16 PRN LIST
G17 G18 G19 G20 G21 G22 G23 G24 G25 G26 G27 G28 G29 G30 G31 PRN LIST
G32 R01 R02 R03 R04 R05 R07 R08 R09 R11 R12 R13 R14 R15 R16 PRN LIST
R17 R18 R19 R20 R21 R23 R24 E01 E02 E03 E04 E05 E07 E08 E09 PRN LIST
E11 E12 E13 E14 E15 E18 E19 E21 E24 E25 E26 E27 E30 E31 E33 PRN LIST
E36 C01 C02 C03 C04 C05 C06 C07 C08 C09 C10 C11 C12 C13 C14 PRN LIST
C16 C19 C20 C21 C22 C23 C24 C25 C26 C27 C28 C29 C30 C32 C33 PRN LIST
C34 C35 C36 C37 C38 C39 C40 C41 C42 C43 C44 C45 C46 C59 C60 PRN LIST
J01 J02 J03 J07                                        PRN LIST
                                                       END OF HEADER
```

(b) 数据头文件2

图 4-3　数据头文件

由图 4-3 可知：数据文件为 Rinex-3 版本，数据处理组织为德国地球科学研究中心（GeoForschungs Zentrum Potsdam，GFZ），AR 表示测站，AS 表示卫星，至 END OF HEADER，头文件结束。

文件中的数据部分如图 4-4 所示。"2020　7　30　0　0　0.000 000"表示采样时刻为 2020 年 7 月 30 日 0 时 0 分 0 秒，"−0.188738763402E−03"为钟差具体数据，单位为 s，采样间隔为 5 min。在数据完整的前提下，每颗卫星每天的数据从 0 时 0 分 0 秒至 23 时 55 分 0 秒共计 288 个。

```
AS E26   2020   7 30   0   0   0.000000   1      0.290282190573E-02
AS E27   2020   7 30   0   0   0.000000   1      0.166871869123E-03
AS E30   2020   7 30   0   0   0.000000   1      0.370754474479E-02
AS E31   2020   7 30   0   0   0.000000   1     -0.473418020225E-03
AS E33   2020   7 30   0   0   0.000000   1     -0.464339725000E-03
AS E36   2020   7 30   0   0   0.000000   1      0.527608817582E-03
AS C01   2020   7 30   0   0   0.000000   1     -0.280207225702E-03
AS C02   2020   7 30   0   0   0.000000   1      0.182137889631E-03
AS C03   2020   7 30   0   0   0.000000   1      0.815441245682E-03
AS C04   2020   7 30   0   0   0.000000   1     -0.710055233361E-04
AS C05   2020   7 30   0   0   0.000000   1      0.363331171510E-04
AS C06   2020   7 30   0   0   0.000000   1      0.798884020750E-03
AS C07   2020   7 30   0   0   0.000000   1      0.119762749827E-03
AS C08   2020   7 30   0   0   0.000000   1     -0.409504274729E-03
AS C09   2020   7 30   0   0   0.000000   1      0.709479805818E-03
AS C10   2020   7 30   0   0   0.000000   1     -0.224138411189E-03
AS C11   2020   7 30   0   0   0.000000   1     -0.522523458587E-03
AS C12   2020   7 30   0   0   0.000000   1      0.449379759172E-03
AS C13   2020   7 30   0   0   0.000000   1      0.569008925160E-03
AS C14   2020   7 30   0   0   0.000000   1      0.741936795780E-03
AS C16   2020   7 30   0   0   0.000000   1     -0.594338028485E-03
AS C19   2020   7 30   0   0   0.000000   1      0.491460207273E-03
AS C20   2020   7 30   0   0   0.000000   1     -0.836714515188E-03
AS C21   2020   7 30   0   0   0.000000   1     -0.662132319728E-03
AS C22   2020   7 30   0   0   0.000000   1     -0.768042660308E-03
```

图 4-4　钟差数据记录

4.3.4　卫星钟特性分析指标

星载原子钟是一种能产生标准频率信号且能保持长时间稳定的振荡器及其配套设备，其输出信号的本质是频率信号，与一般研究的钟差数据有所不同。

（1）相位

相位数据是一个相对的量，用以表示输出时间与标准时间的差值，因此又被称为时间偏差数据，即两个不同的原子钟在某时刻的时间差，其表达式如下：

$$x(t_i) = t_1 - t_2 \tag{4-9}$$

式中，$x(t_i)$ 为 t_i 时刻的相位数据；t_1，t_2 为时刻 t_i 时 1 钟与 2 钟的时刻值。

通常情况下，无特殊说明，钟差相位数据即钟差数据。

（2）频率

已知两台频标 A、B，标准频率 f_0 与 f_A 和 f_B 为两频标实际输出频率，则卫星钟差的频率如下式：

$$D = \frac{f_A - f_B}{f_0} \tag{4-10}$$

式中，D 为以频标 A、B 为基准的频率。

由定义可知频率是一个相对的偏差量，而不是绝对量。反映的是频标 A、B 之间的频率偏差，有效克服了求绝对概念下数值难以测量的问题，更方便也更符合实际应用的需要。

（3）频率漂移率

频漂是频率漂移率的简称,是原子钟输出频率随时间变化而变化的一组数值。由于卫星处于外太空环境中,受到摄动力等因素的影响,钟的输出频率随着使用时间的增加会出现细微变化,这种变化是有一定规律可循的,并且可以通过相对线性偏差拟合和频率运算得到[55],其最小二乘解为:

$$z_1 = \frac{\sum\limits_{i=1}^{N} \left[y_i(\tau) - \bar{y}(\tau)(t_i - \bar{t}) \right]}{\sum\limits_{i=1}^{N} (t_i - \bar{t})^2} \tag{4-11}$$

式中,z_i 为频漂;$y_i(\tau)$ 为相对频率值;t_i 为历元时刻;τ 为采样间隔;$\bar{y}(\tau)$,$\bar{t}$ 分别为相对频率值和时间的平均值。

频漂的频率运算如下式所示:

$$z_i = \frac{y_{i+1} - y_i}{\tau_0} \tag{4-12}$$

式中,y_{i+1},y_i 为不同历元下的频率数据。

(4) 频率准确度

频率数据是时间的函数,而某时段内的最大频率即频率准确度,是用以反映钟速特征的重要指标。公式为:

$$\alpha = \max | y(t) | \quad (t_1 \leqslant t \leqslant t_2) \tag{4-13}$$

式中,α 为频率准确度;t_1,t_2 为对应时段的起止时间。

(5) 频率稳定度

由于电子器件自身材料的不同,频标的输出频率并不是一个固定的常数,会在一定的范围内变化,从而对导航定位产生影响。为了定量研究频率的波动,以表征频标输出频率受噪声影响而产生的随机起伏情况,相关学者定义了频率稳定度这个指标。频率稳定度可以分为长期稳定度和短期稳定度。100 s 以内的频率波动被称为短期稳定度,一天或一天以上的频率波动被称为长期稳定度。频率稳定度是原子钟性能评价的重要指标之一。通常原子钟越不稳定,越难用模型描述其变化规律,预报卫星钟差也就变得更加困难。所以研究原子钟的频率稳定性是预报卫星钟差的基础。以下对表征原子钟稳定性的方法进行简单介绍。

① 阿伦方差

已知频率数据序列 $\{y_n\}$,计算频率的阿伦方差为:

$$\sigma_y^2(\tau) = \frac{1}{2(M_1 - 1)} \sum\limits_{i+1}^{M_1 - 1} \left[\bar{y}_{i+1}(m) - \bar{y}_i(m) \right]^2 \tag{4-14}$$

式中,$\sigma_y^2(\tau)$ 为阿伦方差;m 为平滑因子;τ 为平滑时间;M_1 为 $\bar{y}_i(m)$ 的个数。

② 重叠阿伦方差

重叠阿伦方差是阿伦方差的全采样估计,在构造现有数据的子数列的基础上对数据进行最大限度利用,得出的结果更全面。

$$\sigma_y^2(\tau) = \frac{1}{2m^2(M - 2m + 1)} \sum\limits_{j+1}^{M-2m+1} \left(\sum\limits_{i=j}^{j+m+1} y_{i+m} - y_i \right)^2 \tag{4-15}$$

式中,$\sigma_y^2(\tau)$ 为重叠阿伦方差;y_i 为频率数据。

4.4　原子钟特性分析研究

通过对卫星钟差数据进行绘图分析,能够判断卫星的整体情况,理解数据特性。因此,在明确原子钟特性分析的理论前提下,本节根据不同的星载原子钟评价指标计算不同物理量并进行绘图分析。

4.4.1　BDS钟差数据绘图分析

目前数据中心所提供的BDS卫星钟差数据一般会有粗差、数据缺失、数据间断、数据跳变等异常情况。而这些异常情况对钟差预报的精度会产生非常大的影响。因此想要获得高精度的分析预报结果,必须在使用前对钟差数据进行处理。

本书采用IGS网站解算的BDS精密钟差数据对部分北斗卫星的原始数据、频率数据、频漂、频率准确度等进行绘图分析,用以判断卫星整体情况,分析数据特点等。该部分所选用的卫星是:C01、C02、C03、C05、C06、C07、C08、C09、C10、C11、C12、C13、C14、C16、C19、C20、C21、C22、C23、C24、C25、C26、C27、C28、C29、C30、C32、C33、C34、C35、C37、C38、C40。

对钟差数据进行基本绘图主要是对钟差的相位数据和频率数据绘图。相位数据是卫星钟差的最直观表达形式,绘图清晰直观,所以常被学者优先采用。但相位数据的绝对值过大,有效数字过多,异常数据尤其是粗差容易隐藏其中难以被发现,不利于数据处理。而频率数据的绝对值较小,对异常数据更敏感,更容易观察到数据异常,能够更好地反映钟差数据的走势[56]。因此,对于所需时间段内的相位数据和频率数据均需进行统计绘图。二者的转换关系式如下:

$$y_i = \frac{x_{i+1} - x_i}{\Delta t} \tag{4-16}$$

$$x_i = \int_0^t y(s)\,\mathrm{d}s \tag{4-17}$$

式中,y_i为第i个历元下的频率数据;x_i为第i个历元下的相位数据;Δt为采样间隔;t为对应时段的终止时刻。

选取2020年7月6日到2020年10月10日期间采样间隔为5 min的BDS精密钟差数据进行实验。C03、C10、C14、C20、C24、C38卫星的数据情况如图4-5至图4-10所示。

由卫星钟差的相位图和频率图可知:(1)BDS卫星钟差相位数据多数为连续平滑数据,部分卫星的钟差数据存在明显的相位跳变,如C14卫星等,且每天的初始时间和终止时间易出现异常数据。(2)频率数据中存在明显峰值,说明数据中存在一定量的粗差。由此分析可得:(1)针对相位跳变,在进行钟差预报时,要对跳变前后分段预报。(2)当存在数据缺失时,需视不同情况做不同处理。当缺失数据少时采用插值法补齐数据,当数据缺失严重时,需分段处理。(3)由于BDS-3使用了更优质的原子钟,故频率数据较BDS-2更稳定。

4.4.2　BDS频率准确度绘图分析

频率准确度是原子钟特性分析的重要指标之一。本书以一天为采样间隔,分别计算33颗卫星的频率准确度并绘图,其中横坐标为天数,纵坐标为频率准确度。C05、C08、C14、

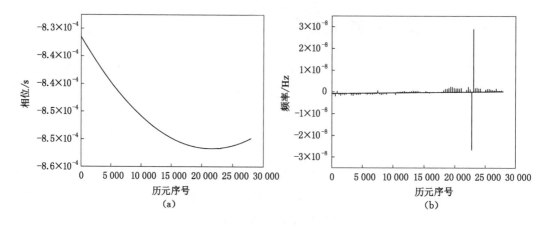

图 4-5　C03 卫星的相位与频率

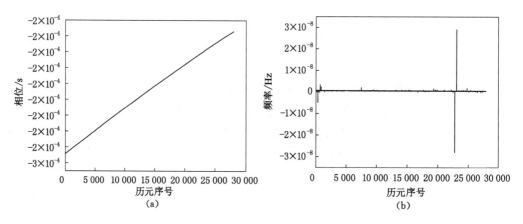

图 4-6　C10 卫星的相位与频率

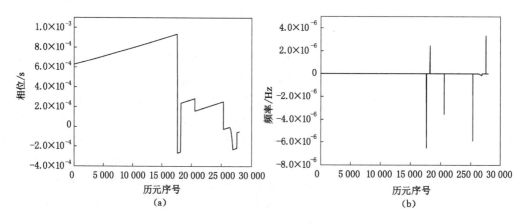

图 4-7　C14 卫星的相位与频率

C22、C23、C38 的频率准确度如图 4-11 至图 4-13 所示。

对频率准确度分析可知：BDS 卫星钟的频率准确度整体水平在 10^{11}，且有卫星达到

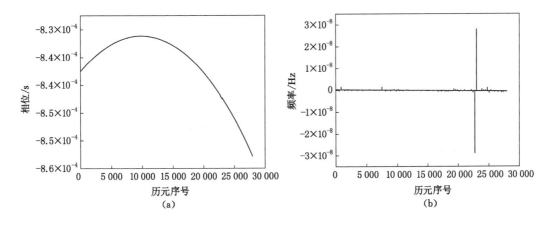

图 4-8　C20 卫星的相位与频率

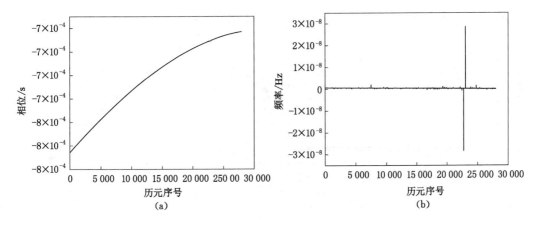

图 4-9　C24 卫星的相位与频率

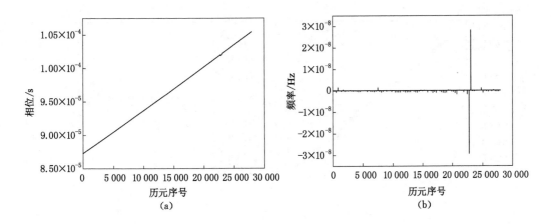

图 4-10　C38 卫星的相位与频率

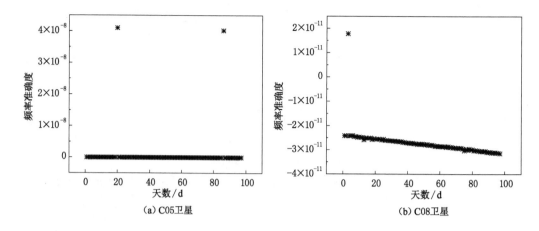

图 4-11 C05 与 C08 卫星的频率准确度

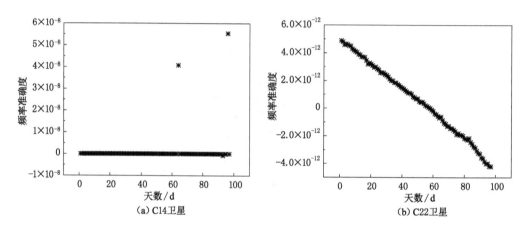

图 4-12 C14 与 C22 卫星的频率准确度

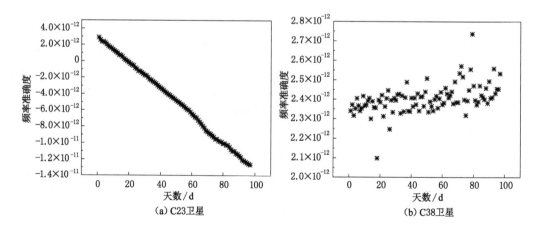

图 4-13 C23 与 C38 卫星的频率准确度

10^{12},以 BDS-3 卫星居多,而 BDS-2 卫星的频率准确度稳定性较差,如 C02、C05、C14 卫星,量级为 10^{-8},C09 量级为 10^{-9}。在不考虑钟的不稳定因素外,BDS-3 卫星的频率准确度变化更为稳定,尽管存在调频现象,但是由于使用了更好的原子钟,调频前后频率准确度的曲线斜率未出现偏差,且几乎未出现游离曲线的频率散点,而 BDS-2 存在游离散点,如 C14 等。从频率准确度的数量级可以得出:BDS-3 的频率准确度高于 BDS-2 卫星 1~2 个量级。现阶段用于接收 BDS-3 的测站较少,未来随着测站数量的增加,BDS-3 的频率准确度会继续提高。

4.4.3　BDS 频率漂移率绘图分析

频率漂移率用以表征原子钟的输出频率的增大或减小,是原子钟的自身属性,也是观察原子钟变化的有效途径。本书以一天为采样间隔,将 33 颗卫星的频率漂移度分别计算并绘图,其中横坐标为天数,纵坐标为频率漂移率数值。C03、C08、C12、C29、C30、C38 卫星的频率漂移率如图 4-14 至图 4-16 所示。

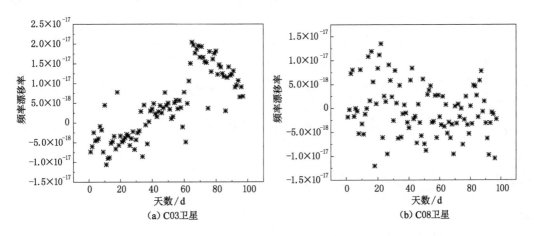

图 4-14　C03 与 C08 卫星的频率漂移率

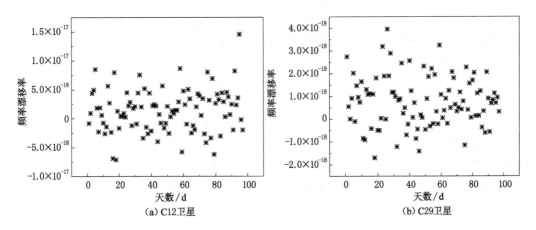

图 4-15　C12 与 C29 卫星的频率漂移率

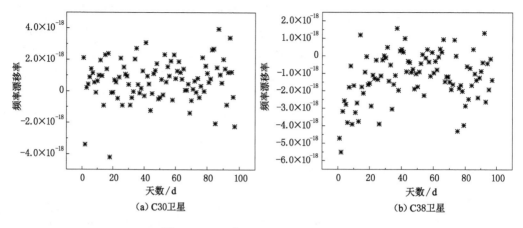

图 4-16　C30 与 C38 卫星的频率漂移率

由图 4-14 至图 4-16 可知：各星载原子钟的频漂值各不相同。BDS-2 系统中，原子钟的频漂值整体在 10^{-17} 量级，GEO 卫星存在频漂游离点，原子钟性能较差，IGSO 卫星和 MEO 卫星的频漂点分布密集，如 C08、C09 和 C11、C12，说明卫星状况较好。在 BDS-3 系统中，原子钟的频漂值整体在 10^{-18} 量级，卫星钟性能明显优于 BDS-2 卫星钟，除个别卫星存在较大偏差的散点外，频漂值分布均比较密集，可以看出 BDS-3 的卫星钟的质量更高。

4.5　卫星钟差数据预处理与预报模型

4.5.1　卫星钟差数据预处理

4.5.1.1　粗差探测

（1）中位数粗差探测法

由于受多种因素的影响，钟差数据不可避免会存在粗差，从而影响模型的预报精度，所以探测并剔除粗差是必不可少的工作。目前，探测粗差的方法有很多种：包括中位数法、基于验后残差的 Baarda 法等[22]。其中最常用的是中位数（median absolute deviation，MAD）粗差探测法。具体公式如下：

$$|y_i| > m + n \cdot \text{MAD} \tag{4-18}$$

$$\text{MAD} = \text{median}\left\{\frac{|y_i - m|}{0.674\,5}\right\} \tag{4-19}$$

式中，y_i 为频率数据序列；median 为中位数运算符；m 为频率数据序列的中位数；n 为根据实际情况确定的正整数；MAD 为频率序列偏差绝对值的中位数。

由式（4-18）可知：将频率数据与序列中位数 m 加上 MAD 的若干倍相比较，当频率数据的绝对值小时，该频率数据为正常数据；当频率数据的绝对值大时，则该频率数据被定义为粗差。

（2）四分位粗差探测法

MAD 探测方法已经在钟差预测中取得了很好的效果，但北斗数据具有独特的自身特点,如粗差点常出现在每日数据的零点时刻,缺失数据连续等。同时 MAD 法必须人为设定参数,造成方法普适性差,对小粗差不敏感,会将部分粗差误判成正常数据,影响后续钟差预测模型的精度[55-56]。故本书将四分位数法用于钟差的粗差探测。

四分位数法主要指标为中位数、第 25 百分数(Q_1)、第 75 百分数(Q_3)、四分位数间距(inter-quartile range,IQR)。用四分位数法探测钟差粗差时的探测公式如下:

$$C = \frac{x - M}{0.741\ 3\text{IQR}} \tag{4-20}$$

其中,C 为判定系数,x 为钟差频率数据;$\text{IQR} = Q_3 - Q_1$。

当 $|C| \leqslant 2$ 时,数据为优质数据;当 $|C| \geqslant 3$ 时,数据为问题数据。本书将 $|C| \leqslant 3$ 时的数据定义为正常数据。

4.5.1.2　数据内插

（1）分段线性内插

分段线性内插就是用通过插值节点的折线近似表示未知函数 $f(x)$ 的插值方法。在区间 $[a,b]$ 中已知各节点 x_k 以及函数值 $y_k(a = x_0 < x_1 < x_2 < \cdots < x_n = b)$。则构造的插值函数 $f(x)$ 应满足以下两个条件:

① $f(x_k) = y_k(k = 0, 1, \cdots, n)$。

② 在任意小区间 $[x_k, x_{k+1}]$ 中,$f(x)$ 为线性函数,且满足式(4-21)。

$$f(x) = \frac{x - x_{k+1}}{x_k - x_{k+1}} y_k + \frac{x - x_k}{x_{k+1} - x_k} y_{k+1} \tag{4-21}$$

在卫星钟差插值中,需在钟差序列上构造满足条件的线性函数,从而求出插值结果[22]。

（2）径向基函数拟合

径向基函数(radial basis function,RBF)神经网络由 Broomhead 和 Lowe 于 1988 年提出,常见的 RBF 表现形式为高斯函数:

$$R_i(x) = \exp\left[-\frac{\|x - c_i\|^2}{2\sigma_1^2}\right] \quad (i = 1, 2, \cdots, h) \tag{4-22}$$

式中,x 为输入向量;c_i 为隐含层第 i 个节点的中心向量;σ_i 为高斯函数的宽度;$\|x - c_i\|$ 为 $x - c_i$ 的范数;h 为隐含层神经元个数。

输出层节点的表达式如下:

$$\hat{y}_j = \sum_{i=1}^{M} \omega_{i,j} R_i \quad (i = 1, 2, \cdots, M) \tag{4-23}$$

式中,$\hat{y}_j$ 为第 j 个输出单元的输出值;M 为输出层神经元个数;$\omega_{i,j}$ 为第 i 个隐含层单元到第 j 个输出单元的权值。

在钟差插值中,将已知节点的历元和钟差作为输入值和输出值建立 RBF 拟合曲线,然后将插值节点的历元作为输入值输入网络,最终得到插值节点的钟差值。

（3）拉格朗日插值

在区间 $[a,b]$ 中共有 $n+1$ 个已知的自变量 $(x_0, x_1, \cdots, x_n)$ 以及相对应的函数值 $(y_0, y_1, \cdots, y_n)$,则对于任意的 $[a,b]$ 中的 x_i,均可以通过式(4-7)得到与 x_i 对应的估计值 y_i。

$$L_n(x) = \sum_{k=1}^{n} l_k(x) y_k \tag{4-24}$$

其中,$L_n(x)$是拉格朗日多项式,l_k是次数不超过 n 的待定多项式,也称为插值基函数,此时拉格朗日插值阶数为 n,满足式(4-25)。

$$l_k(x) = \delta_{ki} = \begin{cases} 1 & (k=i,k,i=0,1,\cdots,n) \\ 0 & (k \neq i,k,i=0,1,\cdots,n) \end{cases} \tag{4-25}$$

具体计算公式为式(4-26)。

$$l_k(x) = \prod_{\substack{i=0 \\ i \neq k}}^{n} \frac{x-x_i}{x_k-x_i} \tag{4-26}$$

将式(4-26)代入式(4-24)得到 n 次拉格朗日多项式的计算式:

$$L_n(x) = \sum_{k=1}^{n} l_k(x)y_k = \sum_{k=1}^{n} \left(\prod_{\substack{i=0 \\ i \neq k}}^{n} \frac{x-x_i}{x_k-x_i} \right) \tag{4-27}$$

式(4-26)和式(4-27)中,x_i 与 x_k 为不同个数的互异节点,x 为所给区间 $[a,b]$ 中的任意值,$L_n(x)$ 为与 x 对应的拉格朗日估计值。在进行 BDS 钟差插值中的计算公式如式(4-28)所示。

$$X(t) = \sum_{k=0}^{n} X_k(t)l_k(t) \tag{4-28}$$

式中,t 为插值节点的观测时间;$l_k(t)$ 为插值基函数;$X_k(t)$ 为相应插值节点的卫星钟差数据;$X(t)$ 为插值 t 时刻的卫星钟差数据。

(4) 切比雪夫拟合法

将切比雪夫拟合方法用于卫星钟差内插主要分为四步,具体过程如下。

① 将观测历元的时间间隔 $[t_0,t_0+\Delta t]$ 归一化为 $[-1,1]$,其中归一化的公式如式(4-29)所示。

$$\kappa = \frac{2}{\Delta t}(t-t_0) - 1 \tag{4-29}$$

式中,t_0 为观测历元首时刻;Δt 为观测时长;κ 为 $[-1,1]$ 中的任意值;t 为任意观测时刻。

② 任一历元下卫星钟差的计算公式如式(4-30)所示。

$$X_k = \sum_{i=0}^{n} C_{x_i} T_i(\kappa_k) \tag{4-30}$$

式中,X_k 为每隔一段时间提供的卫星钟差数据;C_{x_i} 为在时间间隔处多项式的未知数系数;$T_i(\kappa_k)$ 为 $T_i(\kappa)$ 在 κ_k 时刻的函数值。

卫星钟差的改正数为 V_{x_k} 如式(4-31)所示。

$$V_{x_k} = \sum_{i=0}^{n} C_{x_i} T_i(\kappa_k) - X_k \tag{4-31}$$

其误差方程的矩阵形式如下:

$$\begin{bmatrix} V_{x_0} \\ V_{x_1} \\ \vdots \\ V_{x_n} \end{bmatrix} \begin{bmatrix} T_0(\kappa_0) & T_1(\kappa_0) & T_2(\kappa_0) & \cdots & T_n(\kappa_0) \\ T_0(\kappa_1) & T_1(\kappa_1) & T_2(\kappa_1) & \cdots & T_n(\kappa_1) \\ \vdots & \vdots & \vdots & & \vdots \\ T_0(\kappa_n) & T_1(\kappa_n) & T_2(\kappa_n) & \cdots & T_n(\kappa_n) \end{bmatrix}$$

③ 计算系数矩阵,其中,$T_0(\kappa)=1$,$T_1(\kappa)=\kappa$,$T_2(\kappa)=2\kappa^2-1$,$T_n(\kappa)=2\kappa^2 T_{n-1}(\kappa) - T_{n-2}(\kappa)$,$|\kappa \leqslant 1|$,$n \geqslant 2$。

④ 将误差方程改写为 $V=AC-X$,结合最小二乘理念 $V^TPV=\min$,权值 $P=I$,则 C 为:

$$C=(A^TA)^{-1}(A^TX) \tag{4-32}$$

式中,A 为系数矩阵;X 为间隔历元时刻分别对应的卫星钟差数据;C 为系数。

多项式系数求出后,结合式(4-31)则可以求出任意历元的钟差数据。

4.5.1.3　MAD 法与四分位法效果对比

为确定处理钟差数据的最佳方法,设计对比实验用以验证 MAD 法和四分位法在钟差预处理中的优劣。本节实验采用 2020 年 7 月 6 日至 2020 年 7 月 7 日期间的采样间隔为 5 min 的精密钟差数据作为实验数据,涉及 C6、C12、C20、C24、C28、C33、C35、C40 共 8 颗卫星。

将数据转换成频率后,分别用 MAD 法和四分位法做粗差探测实验和预报精度实验。

(1)采用 MAD 法对钟差数据作数据预处理,分别记录 n 值为 1、2、3、4、5 时粗差探测数量。

(2)采用四分位法对钟差数据作数据预处理,记录粗差探测数量。

(3)根据(1)的结果,剔除粗差数据并用分段线性插值法补齐数据,采用该数据建立钟差预测模型,用于预报 1 天的钟差数据,统计预报精度。

(4)根据(2)的结果,剔除对应系数下的粗差数据并用分段线性插值法补齐数据,采用该数据建立钟差预测模型,用于预报 1 天的钟差数据,统计预报精度,评价指标为预测时长 24 h 的残差值。

实验结果见表 4-3。

表 4-3　粗差数量汇总　　　　　　　　　　　　　　单位:个

方法	卫星号								平均值
	C6	C12	C20	C24	C28	C33	C35	C40	
MAD 1	39	43	55	53	44	44	48	52	47.25
MAD 2	4	4	4	15	13	8	3	13	8
MAD 3	1	4	1	1	3	1	1	3	1.875
MAD 4	0	1	1	1	1	1	1	1	0.875
MAD 5	0	1	1	1	1	1	1	1	0.875
四分位	2	5	1	1	5	1	1	4	2.5

由表 4-3 可知:MAD 法与四分位法均能探测钟差数据粗差,MAD 1 的粗差探测数量最高,平均值为 47.25,粗差占比的平均值高达 16.41%,该方法将大量正常数据误判为粗差数据,探测效果较差。此外,MAD 法的探测数量受系数的影响,具有一定的主观性,系数越大,探测粗差数量越小,不同系数对应的粗差数量的均值分别为 47.25 个、8 个、1.875 个、0.875 个和 0.875 个。而四分位探测法无须设置参数,避免了由此造成的误差。

不同预处理方法效果比较比较见表 4-4 和表 4-5。

表 4-4　不同预处理方法效果比较 1　　　　　　　单位:ns

探测方法	卫星号			
	C6	C12	C20	C24
MAD 1	$-3.425\,42$	$3.176\,49$	$5.743\,56$	$3.654\,31$
MAD 2	$-2.794\,65$	$0.468\,87$	$5.667\,18$	$3.716\,58$
MAD 3	$-2.757\,85$	$0.468\,87$	$5.567\,94$	$3.303\,97$
MAD 4	$-2.761\,48$	$0.469\,86$	$5.567\,94$	$3.303\,97$
MAD 5	$-2.761\,49$	$0.469\,86$	$5.567\,94$	$3.303\,97$
MAD 3	$-2.756\,54$	$0.468\,42$	$5.567\,94$	$3.303\,97$
探测方法	卫星号			
	C28	C33	C35	C40
MAD 1	$-1.356\,38$	$5.425\,21$	$-2.352\,35$	$2.052\,59$
MAD 2	$-0.604\,95$	$4.438\,47$	$-1.273\,89$	$1.994\,52$
MAD 3	$-0.584\,95$	$4.406\,90$	$-1.275\,45$	$1.883\,85$
MAD 4	$-0.584\,99$	$4.406\,90$	$-1.275\,45$	$1.883\,55$
MAD 5	$-0.584\,99$	$4.406\,90$	$-1.275\,45$	$1.883\,55$
四分位	$-0.584\,63$	$4.406\,90$	$-1.275\,45$	$1.883\,55$

表 4-5　不同预处理方法效果比较 2　　　　　　　单位:ns

探测方法	MAD 1	MAD 1	MAD 1	MAD 1	MAD 1	四分位
平均值	3.39829	2.61988	2.53123	2.53177	2.53177	2.53096

由表 4-4 和表 4-5 可知:使用四分位预处理的钟差数据建模,其预报精度最高,不同卫星的残差平均值为 2.530 96 ns。四分位法能够对粗差进行精确探测,避免了粗差误判和粗差漏判的问题,与 MAD 法相比更有优势,故本书采用四分位法进行钟差预处理。

4.5.2　卫星钟差预报模型

国内外许多科学家对精密钟差预报进行了深入研究并取得了丰硕的成果,其中常用于钟差预报的模型有多项式模型、灰色模型、神经网络模型、Kalman 滤波模型、频谱分析模型、自回归平均滑动模型等。本节将简要介绍神经网络模型、多项式模型和灰色模型,并以这三种传统模型作为本书的对比模型。

4.5.2.1　人工神经网络模型

(1)人工神经网络模型基本结构

人工神经网络(artificial neural network,ANN)是科研人员根据仿生学原理模仿人类大脑的神经元结构而建立起来的数学模型。神经元是人工神经网络的基本构成单元,能够实现输入 n 个数据得到一个输出。图 4-17 是一个简化的神经元结构。

其中,$x=(x_1,x_2,\cdots,x_n)^{\mathrm{T}}$ 为输入向量;$w=(w_{k1},w_{k2},\cdots,w_{kn})^{\mathrm{T}}$ 为输入向量的对应权值;y 为输出;$\Phi()$ 为激活函数,作用是将输入向量限制到允许范围之内的一个定值,类型包

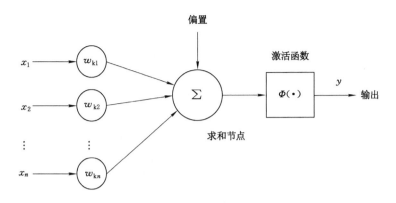

图 4-17 神经元非线性模型

括 sigmoid 函数、bent 函数、tanh 函数等。

更新权值的过程被称为 ANN 模型的训练,训练方式包括监督训练和非监督训练两种,二者的区别是前者已知输入输出之间的关系而后者不知输入输出之间的关系。

（2）人工神经网络模型的不足

传统的人工神经网络自我学习能力很强且处理复杂的非线性函数的能力极其强大,近年来在数据预测上已经有了很广泛的应用,但是神经网络的缺点同样明显,在计算和应用中存在一些不尽如人意的方面:

① 神经网络的结构不稳定。是否存在最合适的隐含层节点数,如何寻找并确定最适合隐含层节点数,激励函数的适用性等问题至今仍没有较强说服力的理论去证明。当隐含层神经元个数过多,造成网络训练速度明显降低;当隐含层神经元个数为多少时,又容易造成网络不收敛,无法达到预期效果。

② 自学习效率低,学习时间长。训练的过程是反复迭代运算的过程,网络的性能会受到训练样本的维数影响,一组变量不同的可能配置数量会随着变量数量的增加呈指数增长,维数过高时极易造成维数灾难(curse of dimensionality,CD)。

③ 泛化能力差,易出现过拟合问题。理论上,增加网络训练可以提高泛化能力,但是在实际应用中,达到一定训练次数,泛化能力会达到极点,此时学习能力不再提升甚至出现降低的情况。

④ 传统 ANN 神经网络难以达到全局最优,易陷入局部最小。

4.5.2.2　极限学习机神经网络模型

基于上述缺点,黄广斌提出一种新型、简便的训练模型——极限学习机模型,从而有效解决了传统 ANN 模型易出现过拟合、易陷入局部最小等问题[57]。

（1）ELM 模型基本理论

极限学习机(extreme learning machine,ELM)模型是在 SLFNs 的基础上提出的一种学习效率高且泛化性能好的学习方法,在保证学习精度的前提下比传统的学习算法速度更快。不同于传统的神经网络求解权重的方法,ELM 只需随机选取输入层和隐含层的连接权重和偏差,便可以通过最小二乘法分析计算出隐含层和输出层的连接权重。同时,ELM 的逼近原理表明:在一定条件下,使用任意给定输入权重,ELM 算法能以任意小误差逼近任何非线性连续函数。ELM 算法主要包括两个阶段：(1) 随机特征映射，在计算开始时，SLFN 的节点参数会随机生成，即节点参数与输入数据独立。这里的随机生成可以服从任意的连续概率分布。计算隐含层的输出矩阵：隐含层输出矩阵为 N 行 L 列，即行数为输入的训练数据个数，列数为隐含层节点数。输出矩阵本质上是将 N 个输入数据映射至 L 个节点所得到的结果。(2) 线性参数的解决。求解输出权重：隐含层的输出权重矩阵为 L、M 列，即行数为隐含层节点数，列数为输出层节点数。与其他算法不同，ELM 算法中，输出层可以没有误差节点，ELM 算法的核心是求解输出权重使得误差函数最小。在第一阶段，ELM 算法随机初始化隐含层参数，然后通过一些非线性激活函数将输入数据映射到特征空间。第二阶段是通过最小二乘解求出输出权重。所以与 BP 神经网络相比，ELM 模型不需要对权值进行训练调整，减少了训练过程所需时间。与通常的梯度算法不同，ELM 力求误差函数达到全局最小值，从而产生最小范数解，得到高精度结果。

目前，ELM 模型在分析预测中已经得到了广泛应用。付强等首次将 KELM 模型应用于奶牛日粮消化能和能量消化率预测中，对比多种预测方法可知，KELM 模型可作为提高奶牛日粮预测的有效模型，为评估优化奶牛饲养策略提供了依据。鄢涛等采用分解→分析→拟合→预测→累加的思想，将集合经验模态分解(ensemble empirical mode decomposition, EEMD)算法与 ELM 相结合，对大坝变形量进行预测，对比 BP 神经网络模型和 ELM 模型，EEMD-ELM 模型预测精度更高。赵超等将 ELM 模型和互信息技术与改进引力搜索算法相结合，首先利用改进引力搜索算法优化 ELM 模型中隐含层阈值和输入权值，再利用互信息技术对输入变量进行降维，结果表明该优化模型在芳烃收率软测量预测中有较高的预测精度。

(2) ELM 神经网络预测模型的构建

ELM 模型的输入和输出都是单层，而隐含层可以是单层也可以是多层。模型的权值用以连接输入层和隐含层，阈值用以连接隐含层和输出层，权值和阈值随机产生。训练时只需设置隐含层节点数并将数据代入输入层便能获得唯一的最优解。本书采用单隐含层的 ELM 模型，其网络结构如图 4-18 所示。

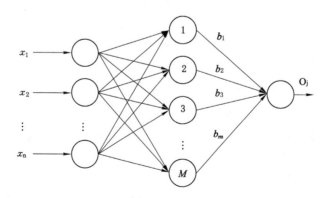

图 4-18　ELM 网络结构

ELM 模型由 N 个输入样本 $\{x_i\}_{i=1}^{N}$ 和输出样本 $\{t_i\}_{i=1}^{N}$ 共同构成训练集，其中 M 为隐含层节点数；w_{kj} 和 b_i 分别为连接输入层和隐含层之间的权值、连接隐含层和输出层的阈值；X_i，Q_i 分别表示第 i 个样本的输入向量和与其对应的输出向量，$X_i \in R^d$，$O_i \in R^d$。其网络结构如图4-17所示。数学表达式如式(4-33)所示。

$$o_i = \sum_{i=0}^{M} \beta_j g(w_j, b_j, x_j) \tag{4-33}$$

式中，$i=1,\cdots,N$；$j=1,\cdots,M$；$\beta_j \in R^N$ 用以连接第 i 个和第 j 个隐含层神经元；x_i 为输入；o_j 为输出；$g()$ 为 ELM 模型的激励函数，常用的激励函数有 sigmoid()、bent()、RBF() 等。其中，sigmoid() 是应用最广泛的非线性激励函数之一，其数学表达式如下：

$$S(x) = \frac{1}{1 + e^{-z}} \tag{4-34}$$

它的等价形式为式(4-35)。

$$S(x) = \frac{e^z}{1 + e^z} \tag{4-35}$$

式中，x 为激励函数输入；$S(x)$ 为激励函数输出。

ELM 的网络结构用矩阵表示如下：

$$\boldsymbol{H\beta} = \boldsymbol{T} \tag{4-36}$$

式中，$\boldsymbol{H} = \begin{bmatrix} g(\cdot_{11}) & \cdots & g(\cdot_{1h}) \\ \vdots & & \vdots \\ g(\cdot_{1N}) & \cdots & g(\cdot_{Nh}) \end{bmatrix}$；$\boldsymbol{\beta} = \begin{bmatrix} \beta_1 \\ \vdots \\ \beta_h \end{bmatrix}$；$\boldsymbol{T} = \begin{bmatrix} t_1 \\ \vdots \\ t_N \end{bmatrix}$。

式中，$\boldsymbol{H}$ 为隐含层输出矩阵；$\boldsymbol{\beta}$ 为输出权重矩阵；$\boldsymbol{T}$ 为目标矩阵。

训练 ELM 模型的目的是获取 w_n、b_l 和 β_i 的过程。

在 ELM 中，其损失函数为：

$$E = \sum_{i=1}^{N} \| o_i - t_i \| \tag{4-37}$$

即需要使 ELM 模型满足约束条件，以最小化近似误差为训练目标：

$$\text{error} = \min \| \boldsymbol{H\hat{\beta}} - \boldsymbol{T} \| \tag{4-38}$$

通过式(4-38)得到式(4-36)的最小二乘解：

$$\hat{\beta} = \boldsymbol{H}^+ \boldsymbol{T} \tag{4-39}$$

式中，$\boldsymbol{H}^+$ 为矩阵 $\boldsymbol{H}$ 的广义逆矩阵。

传统神经网络采用梯度算法，迭代更新网络参数 W，使 E 最小化。输入权值 W 的更新公式如式(4-40)所示。

$$w_{k+1} = w_k - \eta \frac{\partial E(w_k)}{\partial w_k} \tag{4-40}$$

式中，η 为学习率。

卫星钟差数据的强不确定性增大了精确预测的困难性，传统 ANN 模型虽然能够进行钟差预测，但是存在收敛速度慢、预测精度不稳定等问题。而 ELM 模型的独特训练算法的优势，有效解决了上述问题。

将 ELM 模型用于钟差预测步骤如下：

① 读入 ELM 模型建模所需的钟差数据。

② 数据归一化处理。数据归一化是数据处理的一项基本工作，不同评价指标通常具有

不同的量纲,影响数据分析结果,为降低数据差异较大对模型性能产生的不良影响,需要对数据进行归一化处理。其计算公式为:

$$x^* = \frac{x - \min}{\max - \min} \tag{4-41}$$

式中,x^* 为经过归一化处理后的钟差数据;x 为预处理后的钟差数据;$\max$,$\min$ 分别为最大、最小运算符。

③ 确定隐含层节点数。隐含层节点数是 ELM 网络的重要组成部分。隐藏层神经元个数与模型预测结果精准度有着密切关系,选择适合实验数据的神经元个数,可以提高模型预测精度,但是对于不适合于实验数据的神经元个数,会增加模型复杂程度,降低模型预测精度,因此如何确定合适的神经元个数是影响预测精度的一个重要因素。式(4-42)、式(4-43)、式(4-44)是用于确定隐含层节点数的常用公式。

$$h = \frac{o \cdot i + 0.5 \cdot (i^2 + 1) - 1}{o + i} \tag{4-42}$$

$$h = \sqrt{i + o} + 8 \tag{4-43}$$

$$h = \sqrt{i \cdot (o + i) + 1} \tag{4-44}$$

式中,i 为输入数据的维数;o 为输出数据的维数;h 为隐藏层神经元个数。

④ 利用训练样本训练网络,求出连接权值。

⑤ 对输入量进行归一化后代入模型求解。

⑥ 用训练样本输出量的归一化参数对上一步求解的值进行归一逆变换,就得到所预报的卫星钟差值。

4.5.2.3 多项式模型

多项式模型因简单实用被广泛应用于数据拟合与预报,按照不同参数,可分为一次多项式模型、二次多项式模型(quadratic polynomial,QP)和高次多项式模型,其统一的表达式为:

$$y_i + \Delta v_i = a_0 + a_1 t_i + a_2 t_i^2 + \cdots + a_n t_i^n \tag{4-45}$$

式中,y_i 为 t_i 时刻的钟差数据;$a_0, a_1, \cdots, a_n$ 为待求参数;n 为多项式的阶数;Δv_i 为多项式的误差。

当多项式次数为 2 时,模型最为常用,此时待求参数 a_0, a_1, a_3 有着具体的物理意义,分别对应钟差、钟速和钟漂。根据通用公式改写二次多项式如下:

$$\hat{y}_i = \hat{a}_0 + \hat{a}_1 t_i + \hat{a}_2 t_i^2 \tag{4-46}$$

式中,$\hat{y}_i$、$\hat{a}_0$、$\hat{a}_1$、$\hat{a}_2$ 为对应参数的估计值。

在多项式模型的选择上,对稳定性较差且频漂不明显的铯原子钟进行钟差预报时常采用一次多项式,而对铷原子钟进行预报时常采用二次多项式。

4.5.2.4 灰色模型

灰色系统理论是由我国著名学者邓聚龙率先提出来并在许多知名学者的共同努力下逐步完善的[58]。这其中,随机过程被认为是一种与时间相关的灰度过程,对原始数据采用累加或累减等生成方式把看似杂乱无章的数据序列重新规划、分析、整合,将潜在规律略微放大,使规律显性化,更易于发现。基于 GM(1,1)模型的钟差预测过程如下:

经过预处理后的钟差序列为 $x^{(0)} = \{x^{(0)}(1), x^{(0)}(2), \cdots, x^{(0)}(n)\}$，将该钟差数列作一次累加生成得到新序列：$x^{(1)} = \{x^{(1)}(1), x^{(1)}(2), \cdots, x^{(1)}(n)\}$。其中，

$$x^{(0)}(k) = \sum_{i=1}^{n} x^{(0)}(i) \quad (k = 1, 2, 3, \cdots, n) \tag{4-47}$$

具体地，则为：

$$\begin{cases} x^{(0)}(1) = x^{(0)}(1) \\ x^{(1)}(k) = x^{(0)}(k) + x^{(1)}(k-1) \quad (k = 2, 3, \cdots, n) \end{cases} \tag{4-48}$$

用 $x^{(1)}$ 灰色模块构成微分：

$$\frac{\mathrm{d}x^{(1)}}{\mathrm{d}t} + ax_{(1)} = u \tag{4-49}$$

按导数定义：

$$\frac{\mathrm{d}x}{\mathrm{d}t} = \frac{x(t + \Delta t) - x(t)}{\Delta t} \tag{4-50}$$

以离散形式表示，微分项可写成：

$$\frac{\mathrm{d}x^{(1)}}{\mathrm{d}t} = \frac{\Delta x^{(1)}}{\Delta t} = x^{(1)}(k+1) - x^{(1)}(k) \tag{4-51}$$

令 k 和 $k+1$ 的平均值作为 x，即 $[x^{(1)}(k+1) + x^{(1)}(k)]/2$，则式子可写成：

$$[x^{(1)}(k+1) - x^{(1)}(k)] + a[x^{(1)}(k+1) + x^{(1)}(k)]/2 = u \tag{4-52}$$

因为 $x^{(0)}(k+1) = [x^{(1)}(k+1) - x^{(1)}(k)]$，写成矩阵形式则为：

$$\begin{bmatrix} x^{(0)}(2) \\ x^{(0)}(3) \\ \vdots \\ x^{(0)}(n) \end{bmatrix} = \begin{bmatrix} -\dfrac{1}{2}[x^{(1)}(1) + x^{(1)}(2)] & 1 \\ -\dfrac{1}{2}[x^{(1)}(2) + x^{(1)}(3)] & 1 \\ \vdots & \vdots \\ -\dfrac{1}{2}[x^{(1)}(n-1) + x^{(1)}(n)] & 1 \end{bmatrix} \cdot \begin{bmatrix} a \\ \mu \end{bmatrix}$$

令

$$\boldsymbol{Y}_n = \begin{bmatrix} x^{(0)}(2) \\ x^{(0)}(3) \\ \vdots \\ x^{(0)}(n) \end{bmatrix}, \boldsymbol{B} = \begin{bmatrix} -\dfrac{1}{2}[x^{(1)}(1) + x^{(1)}(2)] & 1 \\ -\dfrac{1}{2}[x^{(1)}(2) + x^{(1)}(3)] & 1 \\ \vdots & \vdots \\ -\dfrac{1}{2}[x^{(1)}(n-1) + x^{(1)}(n)] & 1 \end{bmatrix}, \boldsymbol{A} = \begin{bmatrix} a \\ \mu \end{bmatrix}$$

则 $\boldsymbol{Y}_n = \boldsymbol{BA} + \boldsymbol{E}$，其中 $\boldsymbol{Y}_n$ 和 $\boldsymbol{B}$ 为已知量，$\boldsymbol{A}$ 为待定参数。可用最小二乘法得到最小二乘近似解。令

$$\| \boldsymbol{E} \|^2 = \| \boldsymbol{Y}_n - \boldsymbol{B}\hat{\boldsymbol{A}} \|^2 = (\boldsymbol{Y}_n - \boldsymbol{B}\hat{\boldsymbol{A}})^{\mathrm{T}} (\boldsymbol{Y}_n - \boldsymbol{B}\hat{\boldsymbol{A}}) = \min \tag{4-53}$$

求得 $\boldsymbol{A}$ 的最小二乘解：

$$\hat{\boldsymbol{A}} = (\boldsymbol{B}^{\mathrm{T}} - \boldsymbol{B})^{-1} \boldsymbol{B}^{\mathrm{T}} \boldsymbol{Y}_n = \begin{bmatrix} a \\ \mu \end{bmatrix} \tag{4-54}$$

解得：

$$\hat{x}^{(1)}(t) = \left[x^{(1)}(1) - \frac{\hat{\mu}}{\hat{a}} \right] \cdot \mathrm{e}^{-\hat{a}t} + \frac{\hat{\mu}}{\hat{a}} \tag{4-55}$$

写成离散形式为:

$$\hat{x}^{(1)}(k+1) = \left[x^{(0)}(1) - \frac{\hat{\mu}}{\hat{a}} \right] \cdot \mathrm{e}^{-\hat{a}k} \, \frac{\hat{\mu}}{\hat{a}} \quad (k = 0,1,2,\cdots) \tag{4-56}$$

由于模型过度追求序列规律,无法从累加钟差直接获取原始钟差,因此在利用该模型预测钟差时必须进行逆变换还原,则有钟差预测模型方程为:

$$\hat{x}^{(0)}(k+1) = \hat{x}^{(1)}(k+1) - \hat{x}^{(1)}(k) \tag{4-57}$$

式中,$\hat{x}^{(0)}(k+1)$ 为预测钟差值。

4.6 改进 ELM 钟差预测模型的建立

4.6.1 ELM 隐含层节点个数和激励函数的选择

激励函数是影响神经网络模型预测精度的重要因素之一,大致可分为线性函数和非线性函数两种。其作用是能够将数据从一个空间映射到另一个空间,实现允许范围内的数据压制。好的激励函数能够提高神经网络的自适应能力、学习速度及泛化能力等。而不同的激励函数所对应网络模型性能往往大相径庭,因此确定适合神经网络的激励函数在模型建立过程中具有重要意义。表 4-6 为常见的激励函数。

表 4-6 常见的激励函数

函数名称	函数表达式
Sigmoid 函数	$g(x) = \dfrac{1}{1+\mathrm{e}^{-x}}$
Sin 函数	$g(x) = (\sin)(x)$
Hardlim 函数	$g(x) = \begin{cases} 1 & (x \geqslant 0) \\ 0 & (x < 0) \end{cases}$
Bent 函数	$g(x) = \dfrac{\sqrt{x^2+1}-1}{2} + x$

ELM 模型采用最小二乘法计算隐含层与输出层之间的权值,解决了传统神经网络收敛速度慢、易陷入局部最小的问题。但是 ELM 中的隐含层节点和激励函数是根据经验人为设定的,缺乏理论支持,存在不合理情况。如神经元个数较少造成不能很好地逼近非线性函数,而神经元个数过多又会计算冗余而造成过拟合现象,这些都会影响模型的预测性能。为提高模型预测能力,本书以上述激励函数进行实验,比较这 4 种激励函数下的神经网络在预测方面的差异。此次实验采用 C12 卫星在 2020 年 7 月 6 日至 2020 年 7 月 16 日期间的采样间隔为 5 min 的精密钟差数据,以前 10 天的数据建模求解预测模型,用 ELM 神经网络预测 7 月 16 日的卫星钟差,得到不同隐含层节点数下各种激励函数预测结果的平均精度,从而获取最适合钟差预测的激励函数和隐含层节点数。此次隐含层节点数为 1~30。预测结果如图 4-19 所示。

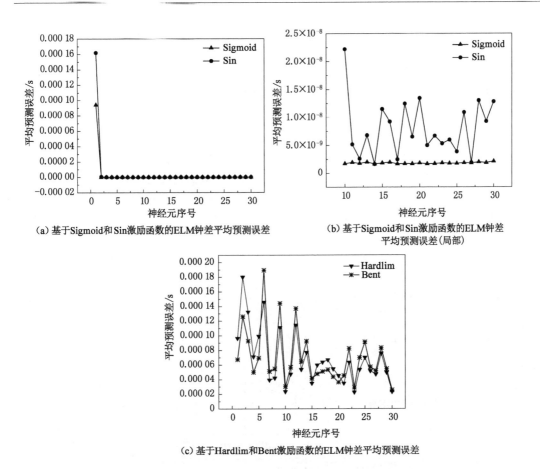

（a）基于Sigmoid和Sin激励函数的ELM钟差平均预测误差

（b）基于Sigmoid和Sin激励函数的ELM钟差平均预测误差（局部）

（c）基于Hardlim和Bent激励函数的ELM钟差平均预测误差

图 4-19   不同种类激励函数的 ELM 平均预测误差

影响 ELM 模型预测精度的因素有隐含层节点数、激励函数、建模数据长度等。图 4-18 所示实验体现了控制变量的思想，在固定建模数据长度的前提下，通过比较隐含层节点数、激励函数和预测精度之间的关系，实验结果表明各类型的激励函数在不同节点数下有着不同的预测精度。从图 4-18 可以发现：这 4 种激励函数都能够实现钟差预测。Sigmoid 函数的和 Sin 函数的预测能力较强，且 Sigmoid 函数稳定性好，受隐含层节点的影响很小；最优预测精度是在隐含层节点数为 14 时，误差为 1.66 ns；预测误差最大是在隐含层节点数为 1 时，误差为 94 104 ns。Sin 函数受隐含层节点的影响很大；最优预测精度时在隐含层节点数为 14 时，误差为 1.64 ns；预测误差最大时在隐含层节点数为 1 时，误差为 0.000 16 s。而 Hardlim 函数和 Bent 函数预测效果极差，Hardlim 函数在隐含层节点数为 6 时，平均误差为 0.000 146 s，为所有激励函数下误差最大的情况。在运算时间上，无法做到统一衡量标准，受计算机性能等多种因素的影响，即使同一种方法多次计算也无法得到同一时间，故在计算时间上不进行比较。

综合分析可知：Sigmoid 函数预测效果最好，Sin 函数预测效果其次，Hardlim 函数和 Bent 函数预测效果较差。故实验的激励函数确定为 Sigmoid 函数，隐含层节点数采用遍历寻优获取，遍历范围为[1,30]。

4.6.2 基于遗传优化算法的 ELM 模型优化

4.6.2.1 遗传算法基本原理

遗传算法（genetic algorithm，GA）是由美国的 Holland 教授于 1962 年提出的，是模拟自然界生物进化机制的一种算法，即遵循"优胜劣汰，逝者生存"的法则，也就是寻优中保留有用去除无用[59]。在科学和生产实践中表现为在所有可能的解决方法中找出最符合该问题所要求的条件的解决方法，即找到最优解。遗传操作是模拟生物遗传的做法，通过编码组成初始种群后，通过遗传操作对群体的个体按照它们对环境的适应度施加一定的操作，从而实现优胜劣汰的进化过程，从优化搜索的角度来讲，遗传操作可以使问题的解一代又一代优化，并逼近最优解。遗传算法的过程如图 4-20 所示。

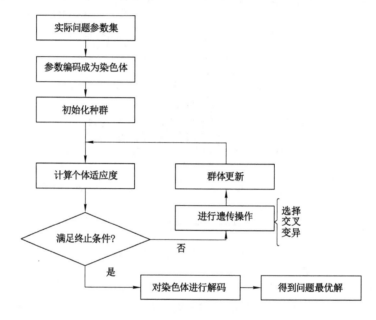

图 4-20 遗传优化算法流程

① 确定实际问题的数据集，确定寻优参数。

② 进行编码操作。对待寻优参数选择合适的编码方式进行编码。

③ 初始化种群。在编码解中随机生成初始种群。

④ 计算初始种群的各个体的适应度。

⑤ 判断是否满足停止条件，若满足，解码后将最优解输出。

⑥ 若不满足终止条件，进行选择、交叉、变异操作更新种群，重复步骤（4）和步骤（5），直至满足终止条件，解码后将最优解输出。

在遗传算法中，遗传操作是核心内容，包括三个基本算子：选择（selection）、交叉（crossover）和变异（mutation）。个体遗传算子的操作都是在随机扰动的情况下进行的。因此，群体中个体向最优解迁移的规则是随机的，需要强调的是，这种随机操作和传统的随机搜索是有区别的。遗传操作进行的是高效的有向搜索，而不是一般的随机搜索进行无向搜索。下面对遗传操作中的基本算子进行简要介绍。

（1）选择算子。选择算子又称为再生算子，是从群体中选择优胜的个体，淘汰劣质个体的操作。选择的目的是把优化的个体直接遗传给下一代或通过配对交叉产生新的个体再遗传到下一代。

选择操作是建立在群体中个体适应度评估基础上的，目前常用的选择算子有以下几种：轮盘赌选择法、适应度对比例方法、最优个体保留法、期望值法等。本书选择最简单也是最常用的轮盘赌选择法。在该方法中，每个个体的选择概率和适应度成反比。设群体大小为 n，个体 i 的适应度为 f_i，则 i 被选择的概率为：

$$P_i = \frac{f_i}{\sum\limits_{j=1}^{n} f_i} \tag{4-58}$$

由式（4-58）可知：概率 P_i 反映了个体 i 的适应度在整个群体中个体适应度总和中所占的比例。个体适应度越大，其被选择的概率就越高，反之亦然。通常情况下，计算出群体中各个个体的选择概率后，为了选择交配个体，需要进行多轮选择。每一轮产生一个在 $[0,1]$ 范围内的均匀随机数，将该随机数作为选择指针来确定备选个体。

（2）交叉算子。在自然界生物进化过程中起核心作用的是生物遗传基因重组。同样，遗传算法中起核心作用的是操作算子中的交叉算子。交叉算子是指把两个父代个体的部分结构加以替换重组而生成新个体的操作。通过交叉，遗传算法的搜索能力会得到大幅度提升。交叉算子根据交叉率将种群中的两个个体随机交换某些基因，从而产生新的基因组合，将有益基因组合到一起。根据编码表示方法的不同可分为实值重组和二进制交叉两种。其中实值重组可分为离散重组、中间重组、线性重组、扩展线性重组等，二进制交叉可分为单点交叉、多点交叉、均匀交叉、洗牌交叉、缩小代理交叉等。

最常用的交叉算子为单点交叉。具体操作为：在个体串中随机设定一个交叉点，实行交叉时，该点前或后的两个个体的部分结构进行互换并生成两个新个体。两个不同个体的交叉公式为：

$$\begin{cases} C_{kj} = C_{kj}(1-b) + C_{lj}b \\ C_{lj} = C_{lj}(1-b) + C_{kj}b \end{cases} \quad (b \in [0,1]) \tag{4-59}$$

式中，C_k，C_l 分别为第 k 个、第 l 个染色体；j 为两个个体的交叉点；b 为系数。

（3）变异算子。变异是指染色体上的一个或者几个基因发生突变，形成新的染色体。其基本内容是对群体中的个体串的某些基因座上的基因做改动[60]。与交叉算子类似，按照编码表示方法可将变异算子分为实值变异和二进制变异。遗传算法中引入变异算子的目的有两个：一是增强遗传算法局部的随机搜索能力。当遗传算法通过交叉算子进阶最优解邻域时，利用变异算子的这种局部搜索能力可以加速向最优解收敛，此种情况下变异概率应取最小值，否则接近最优解的积木会因变异而遭到破坏。二是使遗传算法维持群体多样性，以防止出现未成熟收敛的现象。

遗传算法中，交叉算子因其全局搜索能力而作为主要算子，变异算子因其局部搜索能力作为辅助算子。遗传算法通过交叉和变异这对互相配合又互相竞争的操作使其具备兼顾全局和局部的均衡搜索能力。相互配合是指当群体在进化中陷于搜索空间内某个超平面而仅靠交叉不能摆脱时，变异操作有助于这种摆脱。相互竞争是指当通过交叉已形成所期望的积木块时，变异操作有可能破坏这些积木块。故在实际应用中需有效配合使用交叉和变异。

遗传算法是模拟一个人工种群的进化过程。相比基于梯度的传统优化方法,遗传算法可以解决不连续、不可微的目标函数的优化问题。遗传算法归纳起来具有如下优点:

① 遗传算法在处理实际问题时,采用的是编码的方式将问题抽象化。对于解决多维的、非线性的、复杂的问题时进行编码,从而有效降低了运算的难度。

② 遗传算法在处理问题时不是对单个初始值进行优化,而是对该问题的多个解进行寻优,避免了单个解优化会陷入局部最优的问题,提高了搜索效率和全局优化能力。

③ 遗传算法具有并行运算能力。一方面,遗传算法不受自身限制,可以使用其他的设备进行演化运算,并求出最优解。另一方面,遗传算法使用的种群迭代搜索方式,能同时在多个区域进行搜索信息并交流等操作,大幅度提高了搜索效率。

4.6.2.2 GA-ELM 网络优化过程

ELM 模型相比传统神经网络在预测精度和稳定性上有了较大提升,但是 ELM 中仍存在权值和阈值随机选取的问题,使用遗传优化算法对 ELM 模型中的权值和阈值进行全局最优解搜索,能够加快寻优速度,避免参数随机选取对 ELM 模型的速度与精度造成的影响。使用 GA-ELM 模型进行钟差预测,能有效提高预测精度,且不易陷入局部最优解,更好地为导航定位等服务提供数据支持。遗传优化 ELM 流程图如图 4-21 所示。下面对具体步骤进行详细描述。

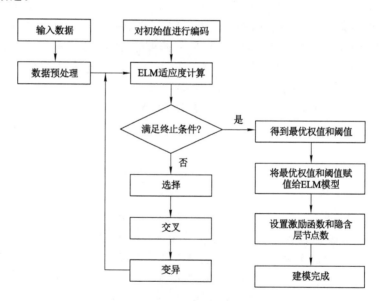

图 4-21 遗传算法优化 ELM 流程

(1) 输入钟差数据后完成数据预处理。

(2) 为降低因数据差异较大而对模型性能产生的不良影响,归一化数据。

(3) 对 ELM 模型中的权值和阈值进行优化,将每个参数看作种群中的独立个体。利用式(4-60)计算个体适应度,满足终止条件时输出对应的权值和阈值,否则进行选择、交叉、变异操作,生成新种群,继续计算适应度,直至符合终止条件,输出最优参数。本书种群大小为100,最大遗传代数为 40 代,交叉概率为 0.7,变异概率为 0.01。

$$f(x,y) = \frac{1}{n} \sum_{i,j} |y_{ij} - x_{ij}| \tag{4-60}$$

式中,y_{ij} 为不同输入参数所对应的钟差输出值;x_{ij} 为输入参数的输出值;n 为样本数。

（4）将最优参数赋值给 ELM 模型,完成模型构建。

（5）测试模型并进行评价。

4.6.3　改进 ELM 钟差模型预测实验及精度分析

为研究改进 ELM 模型在钟差预测中的适用性和优越性,选择 QP 模型、GM(1,1)模型和 ELM 模型作为实验对比模型。

为全面对模型的适用性和有效性进行评估,采用以下精度评价指标。

（1）残差(residual error,RE)

$$RE = \hat{x}_n - \tilde{x}_n \tag{4-61}$$

式中,RE 为残差;$\hat{x}_n$ 为模型预测结果;$\tilde{x}_n$ 为真实数据;n 为历元个数。

（2）均方根误差(root mean square error,RMSE)

$$RMSE = \sqrt{\frac{\sum_{i=1}^{n}(\hat{x}_n - \tilde{x}_n)^2}{n}} \quad (i = 1,2,\cdots,n) \tag{4-62}$$

式中,RMSE 为均方根误差。

（3）极差(range error,RE)

$$R = \max(\hat{x}_n) - \min(\hat{x}_n) \tag{4-63}$$

式中,R 为极差;max,min 分别为最大值和最小值运算符。

为研究改进 ELM 模型的预测精度,本节将完成改进 ELM 模型在不同条件下的预测实验。为研究模型在不同轨道卫星上的适用性,采用的实验数据包括 7 组不同轨道卫星的精密钟差数据。为研究模型在实验数据长度方面的适用性,设计 3 种不同长度的数据预测实验。实验类别 1～3 是使用 10 天数据向后预测 1 天的数据,实验类别 4～5 为使用 5 天数据向后预测 1 天的数据,实验类别 6～7 为使用 1 天数据向后预测 1 天的数据。本节实验所涉及卫星基本情况见表 4-7。

表 4-7　实验卫星基本情况

PRN	轨道类型	运载火箭	发射日期	卫星类型
C03	GEO	CZ-3C	2016 年 6 月 12 日	北斗二号
C12	MEO	CZ-3B	2012 年 4 月 30 日	北斗二号
C14	MEO	CZ-3B	2012 年 9 月 19 日	北斗二号
C27	MEO	CZ-3B	2018 年 1 月 2 日	北斗三号
C29	MEO	CZ-3B	2018 年 3 月 30 日	北斗三号
C38	IGSO	CZ-3B	2019 年 4 月 20 日	北斗三号

实验 1:本次实验采用 C12 卫星的精密钟差数据作为本次实验的实验数据。数据采样间隔为 5 min,涉及数据为 2020 年 7 月 6 日至 7 月 16 日共 11 d,前 10 天为建模数据,数据

量为 2 880,最后一天为预测数据,数据量为 288。采用四分位法完成数据预处理后分别采用 QP 模型、GM(1,1)模型、ELM 模型和改进 ELM 模型完成预测并对比分析预测结果。预处理前、后的钟差频率数据如图 4-22 所示,在不同历元下的各模型预测结果残差如图 4-23 所示。在不同预测时长下的各模型的预测残差值见表 4-8,预测时长为 1 天时各模型的精度评定见表 4-9。

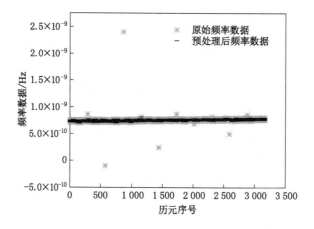

图 4-22　C12 卫星预处理前、后的频率数据

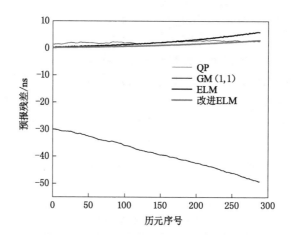

图 4-23　C12 卫星的各模型预测残差

表 4-8　不同预测时长的 C12 卫星预报残差

预测时长/h	预测模型残差/ns			
	QP	GM	ELM	改进 ELM
2	2.02	−30.8	0.44	0.26
4	2.01	−32.4	0.61	0.36
6	1.79	−34.2	0.84	0.50
8	2.24	−35.4	1.40	0.64

表 4-8(续)

预测时长/h	预测模型残差/ns			
	QP	GM	ELM	改进 ELM
10	1.79	−37.6	1.75	0.83
12	2.05	−39.0	2.09	1.04
14	2.50	−40.3	2.52	1.27
16	2.68	−41.9	3.09	1.54
18	2.88	−43.5	3.69	1.83
20	2.74	−45.4	4.37	2.17
22	2.62	−47.3	5.11	2.57
24	2.64	−49.2	5.91	2.98

表 4-9 各模型的精度评定

模型	精度评定指标/ns	
	RMSE	R
QP	2.30	1.71
GM	38.95	19.3
ELM	2.43	5.87
改进 ELM	1.22	2.86

由图 4-10 可知:卫星频率数据经过预处理后波动幅度明显减小,未出现明显峰值,该数据可用于钟差预测实验。由图 4-22 可知:由于改进 ELM 模型经过充分训练,在后续的预测实验中具有很好的预测效果,能够做到与实际数据高度吻合。从表 4-9 和表 4-10 可以看出:QP 模型的均方根误差为 2.30 ns,极差为 1.71 ns,GM 的均方根误差为 38.95 ns,极差为 19.3 ns,ELM 的均方根误差为 2.43 ns,极差为 5.87 ns,改进 ELM 的均方根误差为 1.22 ns,极差为 2.86 ns。基于这 3 种评价指标可知:4 种模型中预测效果最好的是改进 ELM 模型,其次是 ELM 模型和 QP 模型,预测效果最差的 GM 模型。

实验 2:本次实验采用 C29 卫星的精密钟差数据作为本次实验的实验数据。数据采样间隔为 5 min,涉及数据为 2020 年 7 月 6 日至 7 月 16 日共 11 d 中采集到的,前 10 天为建模数据,数据量为 2 880,最后一天为预测数据,数据量为 288。采用四分位法完成数据预处理后分别采用 QP 模型、GM(1,1)模型、ELM 模型和改进 ELM 模型完成预测并对比分析预测结果。预处理前后的钟差频率数据如图 4-24 所示。在不同历元下的各模型预测结果残差如图 4-25 所示。在不同预测时长下的各模型的预测残差值见表 4-10。预测时长为 1 d 时各模型的精度评定见表 4-11。

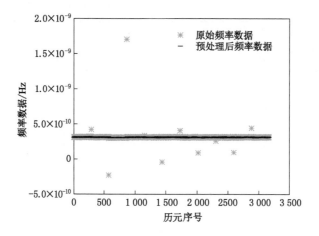

图 4-24　C29 卫星预处理前、后的频率数据

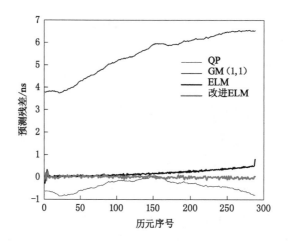

图 4-25　C29 卫星的各模型预测残差

表 4-10　不同预测时长的 C29 卫星预报残差

预测时长/h	预测模型残差/ns			
	QP	GM	ELM	改进 ELM
2	−0.85	3.78	0.03	0.05
4	−0.61	4.24	0.05	0.01
6	−0.46	4.63	0.07	0.04
8	−0.22	5.10	0.08	0.05
10	−0.19	5.37	0.11	0.02
12	−0.04	5.76	0.19	0.07
14	−0.15	5.89	0.17	−0.02

表 4-10(续)

预测时长/h	预测模型残差/ns			
	QP	GM	ELM	改进 ELM
16	−0.22	6.07	0.24	−0.11
18	−0.38	6.17	0.26	−0.04
20	−0.43	6.37	0.33	−0.05
22	−0.56	6.50	0.42	0.02
24	−0.80	6.53	0.80	0.17

表 4-11　各模型的精度评定

模型	精度评定指标/ns	
	RMSE	R
QP	0.75	0.93
GM	5.43	2.80
ELM	0.28	1.09
改进 ELM	0.17	0.81

由图 4-24 可知:卫星频率数据经过预处理后波动幅度明显减小,未出现明显峰值,该数据可用于钟差预测实验。由图 4-24 可知:由于改进 ELM 模型经过充分训练,在后续的预测实验中具有很好的预测效果,能够做到与实际数据高度吻合。从表 4-11 和表 4-12 可以看出:QP 模型的均方根误差为 0.75 ns,极差为 0.93 ns;GM 的均方根误差为 5.43 ns,极差为 2.80 ns;ELM 的均方根误差为 0.28 ns,极差为 1.09 ns;改进 ELM 的均方根误差为 0.17 ns,极差为 0.81 ns。四种模型中 QP 模型、ELM 模型和改进 ELM 模型的 24 h 的残差均达在 1 ns 以内,四种模型中预测效果最好的是改进 ELM 模型,残差最大值仅为 0.17 ns。由于 GM 模型适用于少数据建模,而此次实验的建模数据量为 2 880 个,结果预测数据误差过大,预测性能较差。结合图表分析发现,改进 ELM 模型的预测效果最好、稳定性较高、预测性能最优。

实验 3:本次实验采用 C38 卫星的精密钟差数据作为本次实验的实验数据。数据采样间隔为 5 min,涉及数据为 2020 年 7 月 6 日至 7 月 16 日共 11 d 中采集到的,前 10 天为建模数据,数据量为 2 880,最后一天为预测数据,数据量为 288。采用四分位法完成数据预处理后分别采用 QP 模型、GM(1,1)模型、ELM 模型和改进 ELM 模型完成预测并对比分析预测结果。预处理前后的钟差频率数据如图 4-26 所示,不同历元下的各模型预测结果残差如图 4-27 所示,预测时长为 1 天时各模型的精度评定见表 4-12,不同预测时长下的各模型的预测残差值见表 4-13。

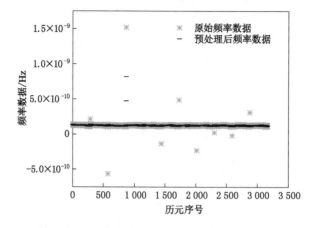

图 4-26　C38 卫星预处理前、后的频率数据

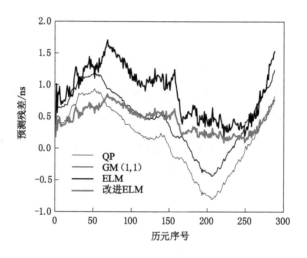

图 4-27　C38 卫星的各模型预测残差

表 4-12　各模型的精度评定

模型	精度评定指标/ns	
	RMSE	R
QP	0.70	1.74
GM	0.96	1.68
ELM	1.71	1.53
改进 ELM	1.03	0.76

表 4-13 不同预测时长的 C38 卫星预报残差

预测时长/h	预测模型残差/ns			
	QP	GM	ELM	改进 ELM
2	0.68	0.94	0.89	0.44
4	0.89	1.16	1.28	0.64
6	0.64	0.93	1.57	0.80
8	0.38	0.67	1.18	0.59
10	0.15	0.46	1.09	0.54
12	0.19	0.52	0.92	0.39
14	−0.17	0.17	0.50	0.25
16	−0.67	−0.31	0.46	0.23
18	−0.68	−0.31	0.52	0.26
20	−0.22	0.17	0.40	0.20
22	0.27	0.67	0.49	0.25
24	0.83	1.24	1.53	0.79

由图 4-26 可知:卫星频率数据经过预处理后波动幅度明显减小,未出现明显峰值,该数据可用于钟差预测实验。由图 4-27 可知:由于改进 ELM 模型经过充分训练,在后续的预测实验中具有很好的预测效果,能够做到与实际数据高度吻合。从表 4-12 和表 4-13 可以看出:QP 模型的均方根误差为 0.70 ns,极差为 1.71 ns;GM 的均方根误差为 0.96 ns,极差为 1.68 ns;ELM 的均方根误差为 0.28 ns,极差为 1.53 ns;改进 ELM 的均方根误差为 1.03 ns,极差为 0.76 ns。结合图表可知:四种模型均获得了较好的预测效果,在前 50 个历元时,ELM 模型和 GM 模型预测精度基本一致,且 GM 模型略优于 ELM 模型,改进 ELM 模型优于其他模型,在第 50～150 个历元时,QP 模型精度较高,但与其他模型相差不大。在第 250～288 个历元时,四种模型预报精度大体相同。此次实验涉及的数据为北斗三号 C38 卫星的钟差数据,C38 星载原子钟稳定性强,四种模型的预测极差均小于 2 ns。由于改进 ELM 模型受到了充分训练,故其预测精度最高,各项评价指标最优,实验有效验证了改进 ELM 模型的稳定性的可行性。

实验 4:本次实验采用 C27 卫星的精密钟差数据作为本次实验的实验数据。数据采样间隔为 5 min,涉及数据为 2020 年 7 月 6 日至 7 月 11 日共 6 d 中采集到的数据,前 5 天为建模数据,数据量为 1 440 个,最后一天为预测数据,数据量为 288 个。采用四分位法完成数据预处理后分别采用 QP 模型、GM(1,1)模型、ELM 模型和改进 ELM 模型完成预测并对比分析预测结果。预处理前后的钟差频率数据如图 4-28 所示。在不同历元下的各模型预测结果残差如图 4-29 所示。在不同预测时长下的各模型的预测残差值见表 4-14。预测时长为 1 天时各模型的精度评定见表 4-15。

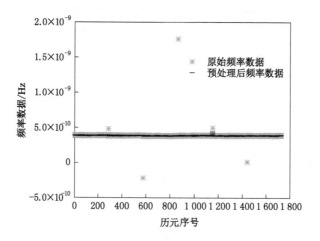

图 4-28　C27 卫星预处理前、后的频率数据

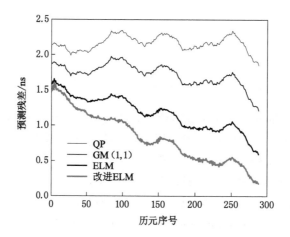

图 4-29　C27 卫星的各模型预测残差

表 4-14　不同预测时长的 C27 卫星预报残差

预测时长/h	预测模型残差/ns			
	QP	GM	ELM	改进 ELM
2	2.04	1.75	1.45	1.35
4	2.05	1.73	1.37	1.20
6	2.17	1.82	1.36	1.09
8	2.33	1.95	1.41	1.06
10	2.20	1.79	1.23	0.87
12	2.21	1.77	1.17	0.76
14	2.24	1.77	1.18	0.79
16	2.10	1.60	0.99	0.58

表 4-14(续)

预测时长/h	预测模型残差/ns			
	QP	GM	ELM	改进 ELM
18	2.17	1.64	0.98	0.51
20	2.26	1.69	0.98	0.47
22	2.18	1.58	0.92	0.46
24	1.85	1.21	0.60	0.18

表 4-15 各模型的精度评定

模型	精度评定指标/ns	
	RMSE	R
QP	2.18	0.49
GM	1.89	0.77
ELM	1.62	1.06
改进 ELM	1.60	1.43

由图 4-28 可知:卫星频率数据经过预处理后波动幅度明显减小,未出现明显峰值,该数据可用于钟差预测实验。由图 4-29 可知:改进 ELM 模型在预测实验中具有较好的预测效果,能够做到与实际数据较好吻合。由表 4-14 和表 4-15 可以看出:QP 模型的均方根误差为 2.18 ns,极差为 0.49 ns;GM 的均方根误差为 1.89 ns,极差为 0.77 ns;ELM 的均方根误差为 1.62 ns;极差为 1.06 ns,改进 ELM 的均方根误差为 1.60 ns,极差为 1.43 ns。结合图和表可知:QP 模型残差最大值为 2.33 ns,最小值仍有 1.85 ns,GM 模型最小残差为 1.21 ns,最大残差为 1.95 ns。两个模型预测精度较差,但对比极差发现均未超过 1 ns,数据的变化幅度较小。对比 ELM 模型改进前、后发现:随着预测时长的增加,改进 ELM 模型的残差变化幅度大于 ELM 模型的,二者的残差最大值分别为 1.60 ns 和 1.66 ns,同时,改进 ELM 模型对比其他模型仍有较好的精度,预测结果最优。

实验 5:本次实验采用 C38 卫星的精密钟差数据作为本次实验的实验数据。数据采样间隔为 5 min,涉及数据为 2020 年 7 月 6 日至 7 月 11 日共 6 d 中采集到的数据,前 5 天为建模数据,数据量为 1 440 个,最后一天为预测数据,数据量为 288 个。采用四分位法完成数据预处理后分别采用 QP 模型、GM(1,1)模型、ELM 模型和改进 ELM 模型完成预测并对比分析预测结果。预处理前、后的钟差频率数据如图 4-30 所示。在不同历元下的各模型预测结果残差如图 4-31 所示。预测时长为 1 天时各模型的精度评定见表 4-16。在不同预测时长下的各模型的预测残差见表 4-17。

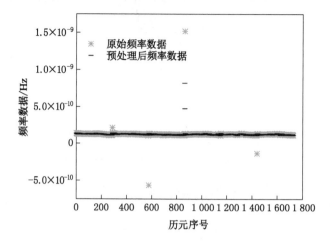

图 4-30　C38 卫星预处理前、后的频率数据

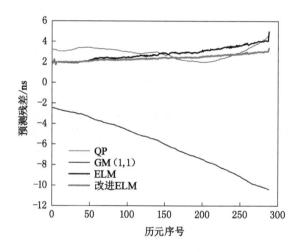

图 4-31　C38 卫星的各模型预测残差

表 4-16　各模型的精度评定

模型	精度评定指标/ns	
	RMSE	R
QP	3.25	2.64
GM	6.02	7.94
ELM	2.83	2.22
改进 ELM	2.42	1.45

表 4-17　不同预测时长的 C38 卫星预报残差

预测时长/h	预测模型残差/ns			
	QP	GM	ELM	改进 ELM
2	3.13	−2.87	1.93	1.99
4	3.43	−3.28	2.01	2.05
6	3.25	−3.92	2.45	2.23
8	3.03	−4.46	2.47	2.25
10	2.83	−5.19	2.62	2.34
12	2.86	−5.75	2.84	2.42
14	2.28	−6.60	2.82	2.43
16	2.10	−7.24	2.90	2.45
18	2.13	−7.92	3.24	2.62
20	2.70	−8.75	3.46	2.74
22	3.47	−9.72	3.81	2.89
24	4.64	−10.40	4.99	3.35

由图 4-30 可知:卫星频率数据经过预处理后波动幅度明显减小,未出现明显峰值,该数据可用于钟差预测实验。由图 4-31 可知:改进 ELM 模型在预测实验中具有较好的预测效果,能够做到与实际数据较好吻合。由表 4-16 和表 4-17 可以看出:QP 模型的均方根误差为 3.25 ns,GM 的均方根误差为 6.02 ns,残差均值为 6.02 ns,ELM 的均方根误差为 2.83 ns,改进 ELM 的均方根误差为 2.43 ns。4 种模型中 GM 的残差变化幅度最大,为 7.94 ns,残差变化最小的是改进 ELM 模型,极差为 1.45 ns。结合图和表可知:优化改进后的 ELM 模型中的权值和阈值不再是随机生成,从而根据寻优算法计算得到的,故改进后的模型预测残差的增量小于 ELM 模型的。将此次实验与实验 3 对比后可知:由于此次实验建模数据仅为 5 d,训练不够充分,故实验三的预测精度高于此次实验。但改进 ELM 模型在四种模型中预测效果仍为最佳,与实际数据的拟合效果更好。

实验 6:本次实验采用 C03 卫星的精密钟差数据作为本次实验的实验数据。数据采样间隔为 5 min,涉及数据为 2020 年 7 月 6 日至 7 月 8 日共 2 d 中采集到的数据,前 1 天为建模数据,数据量为 288 个,最后一天为预测数据,数据量为 288 个。采用四分位法完成数据预处理后分别采用 QP 模型、GM(1,1)模型、ELM 模型和改进 ELM 模型完成预测并对比分析预测结果。预处理前后的钟差频率数据如图 4-32 所示。在不同历元下的各模型预测结果残差如图 4-33 所示。在不同预测时长下的各模型的预测残差值见表 4-18。预测时长为 1 天时各模型的精度评定见表 4-19。

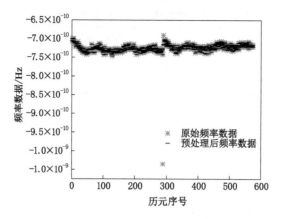

图 4-32　C03 卫星预处理前、后的频率数据

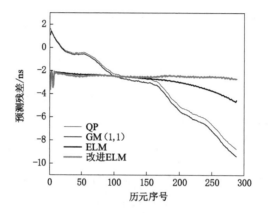

图 4-33　C03 卫星的各模型预测残差

表 4-18　不同预测时长的 C03 卫星预报残差

预测时长/h	预测模型残差/ns			
	QP	GM	ELM	改进 ELM
2	−0.24	−0.33	−2.21	−2.33
4	−0.46	−0.58	−2.29	−2.44
6	−1.01	−1.17	−2.34	−2.39
8	−2.17	−2.37	−2.43	−2.43
10	−2.51	−2.75	−2.52	−2.49
12	−2.71	−2.99	−2.64	−2.52
14	−3.02	−3.36	−2.77	−2.53
16	−4.62	−5.01	−2.91	−2.43
18	−5.54	−5.99	−3.16	−2.47
20	−6.12	−6.63	−3.54	−2.54
22	−7.54	−8.11	−4.03	−2.52
24	−8.75	−9.38	−4.56	−2.71

表 4-19　各模型的精度评定

模型	精度评定指标/ns	
	RMSE	R
QP	3.31	5.20
GM	3.63	5.34
ELM	2.87	2.64
改进 ELM	2.64	1.56

由图 4-32 可知:卫星频率数据经过预处理后波动幅度明显减小,未出现明显峰值,该数据可用于钟差预测实验。由表 4-18 和表 4-19 可以看出:QP 模型的均方根误差为 3.31 ns,GM 的均方根误差为 3.63 ns,ELM 的均方根误差为 2.87 ns,改进 ELM 的均方根误差为 2.64 ns。结合图和表可知:四种模型中 QP 的残差变化幅度最大,为 5.20 ns,残差变化最小的为改进 ELM 模型,极差为 1.56 ns,且残差数值均为下降趋势,即随着预测时长的增加,残差数值随着减小,但残差的绝对值变化量整体呈现上升趋势。由此可知:随着预测时长的增加,误差存在积累现象。由于此次实验使用的建模数据仅为一天,导致各模型实验预测结果的误差较大,但是改进 ELM 模型预报残差波动最小,预测结果与真实数据最为贴合,对比其他 3 种模型,改进 ELM 模型的预测效果仍为最佳,说明改进模型稳定性强,预测结果更优。

实验 7:本次实验采用 C14 卫星的精密钟差数据作为本次实验的实验数据。数据采样间隔为 5 min,涉及数据为 2020 年 7 月 6 日至 7 月 8 日共 2 d 中采集到的数据,前 1 天为建模数据,数据量为 288 个,最后一天为预测数据,数据量为 288 个。采用四分位法完成数据预处理后分别采用 QP 模型、GM(1,1)模型、ELM 模型和改进 ELM 模型完成预测并对比分析预测结果。预处理前、后的钟差频率数据如图 4-34 所示,在不同历元下的各模型预测结果残差如图 4-35 所示。在不同预测时长下的各模型的预测残差值见表 4-20。预测时长为 1 d 时各模型的精度评定见表 4-21。

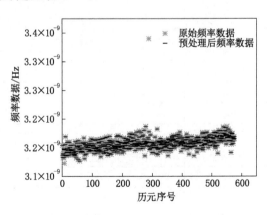

图 4-34　C14 卫星预处理前、后的频率数据

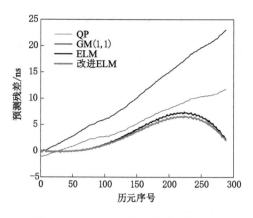

图 4-35 C14 卫星的各模型预测残差

表 4-20 各模型的精度评定

模型	精度评定指标/ns	
	RMSE	R
QP	5.21	12.87
GM	8.40	23.17
ELM	3.34	7.70
改进 ELM	3.01	6.93

表 4-21 不同预测时长的 C14 卫星预报残差

预测时长/h	预测模型残差/ns			
	QP	GM	ELM	改进 ELM
2	−0.22	1.09	−0.13	−0.11
4	0.83	2.68	−0.15	−0.13
6	2.02	4.48	0.43	0.38
8	2.69	5.84	1.08	0.97
10	3.47	7.38	2.24	2.01
12	4.78	9.52	3.58	3.22
14	6.32	12.00	5.09	4.58
16	7.68	14.30	6.52	5.87
18	8.83	16.50	7.21	6.49
20	10.10	18.89	7.05	6.35
22	10.60	20.5	5.38	4.84
24	11.81	23.11	2.31	2.17

由图 4-34 可知:卫星频率数据经过预处理后波动幅度明显减小,未出现明显峰值,该数据可用于钟差预测实验。由表 4-20 和表 4-21 可以看出:QP 模型的均方根误差为 5.21 ns,GM 的均方根误差为 8.40 ns,ELM 的均方根误差为 2.34 ns,改进 ELM 的均方根误差为

1.86 ns。结合图和表可知：四种模型中 GM 的残差变化幅度最大，为 23.17 ns，残差变化最小的为改进 ELM 模型，极差为 6.84 ns。由于此次实验使用的建模数据仅为 1 d，导致各模型实验预测结果均误差较大，但相比于 QP 模型和 GM 模型，改进 ELM 模型的残差序列更加收敛，在预测后期误差积累明显小于其他模型，改进 ELM 模型的预测效果仍为最佳，说明改进模型稳定性强，预测结果更优。

综合分析上述实验可知：各组实验中 QP 模型的平均均方根误差为 2.06 ns，平均极差为 1.92 ns；GM 模型的平均均方根误差为 8.30 ns，平均极差为 5.61 ns；ELM 模型的平均均方根误差为 1.79 ns，平均极差为 3.09 ns；改进 ELM 模型自适应能力强，误差积累量更小，预测精度最优，其平均均方根误差为 0.75 ns，平均极差为 1.70 ns。同时随着建模数据量的增加，模型的预测能力也逐渐增强。结合图和表分析：不同模型在不同的建模时长下预测精度有所差异，随着预测时长的增加，各模型都存在误差积累现象。总体来看，改进 ELM 模型最优，GM 模型最差。

实验分别采用 10 d、5 d 和 1 d 的实验数据建模，用以预测接下来 1 d 的钟差数据。由于实验 1~3 中模型经过充分训练，预测精度最高，实验 4 和实验 5 精度次之，而实验 6 和实验 7 由于训练不充分，预测能力较差，但改进 ELM 模型预测数据与真实数据最为贴合，而且随着建模数据的增加，改进 ELM 模型的预测能力逐渐增强。此外，对比实验 1 和实验 2、实验 3，C12 卫星为 BDS-2 卫星，预测 24 h 的结果中，改进 ELM 模型的均方根误差为 1.22 ns、极差为 2.86 ns，而 C29 和 C38 卫星为 BDS-3 卫星，其改进 ELM 模型的均方根误差分别为 0.17 ns、1.03 ns，极差分别为 0.81 ns、0.76 ns，即从卫星类型来看，BDS-3 卫星的预测效果优于 BDS-2 卫星，这是由于 BDS-3 卫星使用了更为先进的卫星钟，从第 3 章中卫星数据的频率准确度和频率漂移率可以看出：BDS-3 的卫星钟的稳定性和抗干扰能力均大幅度增强，钟差数据的稳定性好，规律性强。

4.7　结论与展望

4.7.1　结论

本书对 BDS 精密卫星钟差的异常情况进行了分析研究。根据卫星钟特性分析的理论方法，结合 BDS 卫星钟的自身固有属性和特点，提出一种四分位探测法和改进 ELM 模型结合的新的钟差预测方法。本书的主要结论如下：

（1）星载原子钟性能分析。通过对 33 颗卫星钟的相位数据、频率数据、频率准确度、频率漂移率的计算和绘图得出：BDS 的钟差数据具有较好的连续性，但是存在明显的相位跳变，每天的初始时间和终止时间易出现异常数据。从频率准确度来看，BDS-2 卫星钟的频率准确度整体水平在 10^{-11}，个别卫星钟水平在 10^{-9}，而 BDS-3 卫星钟的频率准确度整体水平在 10^{-12}。尽管 BDS-3 卫星存在调频现象，但是由于使用了更好的原子钟，频率点数据分布均匀，钟的稳定性优于 BDS-2 卫星钟。

（2）钟差数据预处理研究。针对钟差数据质量不稳定，存在粗差等异常数据问题，采用四分位粗差探测用于数据预处理，通过探测实验和预测实验发现：MAD 法的粗差探测数量会受到系数的影响，系数越大，探测粗差数量越小。四分位法的粗差的平均值为 2.5 个，使用四分位法预处理的钟差数据建模,其预报精度更高,误差平均值为 2.530 96 ns。由此可知四分位法能够对粗差进行精确探测,能有效避免粗差的误判和漏判,与 MAD 法相比更具优势。

(3)钟差预报模型研究。由于传统模型在钟差预测中存在局限性,引入 ELM 模型用于钟差预测,通过实验探究激励函数和隐含层神经元个数对模型性能的影响。结果发现 Sigmoid 函数在预测中表现最优,隐含层神经元个数采用遍历优化方式获得。对于隐含层权值和阈值的随机性,采用遗传优化算法寻找最优的随机参数,使模型具有更高的预测精度。

(4)实验设计与结果。本书分别以建模长度和预报长度设计不同类别的钟差预测实验,将改进 ELM 模型与二次多项式模型、灰色模型、ELM 模型的实验结果进行对比,探究不同建模时长和预测时长对预测精度的影响。实验结果表明:不同模型在不同的建模时长下预测精度有所差异,随着预测时长的增加,各模型都存在误差积累现象。随着实验数据的增加,预测精度有所提高。总体来看,QP 模型的平均极差为 3.52 ns,GM 模型的平均极差为 8.51 ns,ELM 模型的平均极差为 2.98 ns,改进 ELM 模型的平均极差为 2.26 ns。相比其他模型,改进 ELM 模型具有更高的预测精度。

4.7.2　展望

本书基于 IGS 发布的精密钟差数据进行星载原子钟性能分析,并采用四分位探测法和改进 ELM 模型对 BDS 钟差进行建模预测研究,不足之处有以下几点:

(1)目前在运行中的定位系统主要有四种,本书仅选取 BDS 钟差数据分析相位、频率、频率准确度等,在今后的研究中将对 4 种定位系统的钟差数据进行全面的分析对比,以期得到更多有用的结论。

(2)本书所涉及预测模型均为单一模型,但是单一模型存在局限性,故下一步将考虑采用多种组合模型进行预测,同时考虑对长期钟差预进行相应研究。

参 考 文 献

[1] 王猛,单涛,王盾.高轨航天器 GNSS 技术发展[J].测绘学报,2020,49(9):1158-1167.

[2] 程鹏飞,文汉江,成英燕,等.2000 国家大地坐标系椭球参数与 GRS 80 和 WGS 84 的比较[J].测绘学报,2009,38(3):189-194.

[3] 周锋.多系统 GNSS 非差非组合精密单点定位相关理论和方法研究[D].上海:华东师范大学,2018

[4] 王甫红,邵晓东,郭磊,等.一种联合载波相位观测值的 GPS/BDS 滤波导航算法[J].测绘科学技术学报,2016,33(2):111-115.

[5] 王乐.北斗卫星广播星历及历书参数拟合算法研究[D].西安:长安大学,2014.

[6] 张清鸾.基于相对论效应的 GPS 卫星钟差预报模型研究[D].昆明:昆明理工大学,2015.

[7] 王建敏,黄佳鹏,祝会忠,等.电离层总电子数预报方法研究[J].测绘科学,2016,41(12):47-52.

[8] 黄吉来.网络 RTK 电离层和对流层改正模型研究[D].阜新:辽宁工程技术大学,2008.

[9] 吕伟才,高井祥,张书毕,等.宽巷约束的网络 RTK 基准站间模糊度固定方法[J].中国矿业大学学报,2014,43(5):933-937.

[10] 祝会忠.基于非差误差改正数的长距离单历元 GNSS 网络 RTK 算法研究[D].武汉大学,2012.

[11] 祝会忠,徐爱功,高猛,等.BDS 网络 RTK 中距离参考站整周模糊度单历元解算方法[J].测绘学报,2016,45(1):50-57.

[12] 张锋,郝金明,丛佃伟,等.基于多参考站网络的 VRS 算法研究与实现[J].测绘科学技术学报,2008,25(6):414-416.

[13] 高珊,张伟.改进的距离约束最小二乘模糊度搜索算法[J].测绘科学,2016,41(2):145-148.

[14] 王建敏,马天明,祝会忠.改进 LAMBDA 算法实现 BDS 双频整周模糊度快速解算[J].系统工程理论与实践,2017,37(3):768-772.

[15] 谢建涛,郝金明,刘伟平.一种基于多频模糊度快速解算方法的 BDS/GPS 中长基线 RTK 定位模型[J].武汉大学学报(信息科学版),2017,42(9):1216-1222.

[16] 王建敏,马天明,祝会忠.BDS/GPS 整周模糊度实时快速解算[J].中国矿业大学学报,2017,46(3):672-678

[17] 贾茜子.GNSS 周跳探测与修复方法研究[D].桂林:桂林电子科技大学,2019.

[18] 周兵.北斗卫星导航系统发展现状与建设构想[J].无线电工程,2016,46(4):1-4.

[19] 韩秀飞.北斗卫星光压模型精化及其在自主导航支持系统中的应用研究[D].武汉:武

汉大学,2018.

[20] 罗思龙.GNSS 用户级完好性监测算法理论、性能评估及优化研究[D].西安:长安大学,2019.

[21] REMONDI B W. Performing centimeter-level surveys in seconds with GPS carrier phase:initial results[J]. Navigation,1985,32(4):386-400.

[22] 李征航,黄劲松.GPS 测量与数据处理[M].武汉:武汉大学出版社,2005.

[23] KIM D,LANGLEY R B. Instantaneous real-time cycle-slip correction of dual-frequency GPS data[J]. Measurement techniques,1999,33(5):45-60.

[24] BEZMENOV I V,BLINOV I Y,NAUMOV A V,et al. An algorithm for cycle-slip detection in a melbourne-Wübbena combination formed of code and carrier phase GNSS measurements[J]. Measurement techniques,2019,62(5):415-421.

[25] 蔡成林,沈文波,曾武陵,等.多普勒积分重构与 STPIR 联合周跳探测与修复[J].测绘学报,2021,50(2):160-168.

[26] 李迪,柴洪洲,潘宗鹏.STPIR 和 MW 组合的北斗三频周跳探测与修复[J].海洋测绘,2018,38(1):31-34.

[27] 黎蕾蕾,杨盛,柳景斌,等.惯导辅助的无电离层与宽巷组合周跳探测与修复方法[J].武汉大学学报(信息科学版),2018,43(12):2183-2190.

[28] 夏思琦,于先文.一种无盲点 GNSS 三频组合周跳探测与修复方法[J].测绘科学,2020,45(7):62-69.

[29] ZHANG F,CHAI H Z,XIAO G R,et al. Improving GNSS triple-frequency cycle slip repair using ACMRI algorithm[J]. Advances inspace research,2022,69(1):347-358.

[30] 吕震,王振杰,聂志喜,等.一种基于 BDS-3 四频数据的周跳探测与修复方法[J].大地测量与地球动力学,2022,42(7):728-733.

[31] 肖国锐.BDS 精密单点定位技术研究及软件实现[D].郑州:解放军信息工程大学,2014.

[32] 李孟恒.北斗软件接收机技术研究及系统的实现[D].南宁:广西大学,2020.

[33] DONG Y C,DAI P P,WANG S,et al. A study on the detecting cycle slips and a repair algorithm for B1/B3[J]. Electronics,2021,10(23):2925.

[34] 纪元法,贾茜子,孙希延.联合多普勒及 MW 周跳探测和修复方法[J].太赫兹科学与电子信息学报,2020,18(4):600-605.

[35] 李博峰,秦园阳,陈广鄂.基于无几何电离层滤波模型的北斗三号系统相位周跳与中断修复方法[J].测绘学报,2022,51(4):501-510.

[36] 崔立鲁,张涌,杜石,等.联合超宽巷组合和电离层残差的北斗三频周跳探测与修复[J].成都大学学报(自然科学版),2018,37(2):163-167.

[37] 王建敏,吴恺,李特.BDS 三频数据周跳探测与修复方法研究[J].导航定位学报,2021,9(5):41-47.

[38] 李林阳,吕志平,崔阳,等.伪距相位和无几何相位组合探测与修复多频周跳的比较[J].大地测量与地球动力学,2015,35(3):396-400.

[39] 付伟,帅玮祎,董绪荣.基于北斗三号三频数据的周跳探测与修复[J].测绘工程,2020,

29(2):30-35.

[40] 高杰,谢建涛.一种改进的基于 BDS 三频非差观测的周跳实时探测与修复模型[J].测绘工程,2016,25(12):25-31.

[41] 刘经南,郭文飞,郭迟,等.智能时代泛在测绘的再思考[J].测绘学报,2020,49(4):403-414.

[42] 孙大伟,艾孝军,贾小林,等.BDS/GNSS 精密单点定位性能分析[J].大地测量与地球动力学,2022,42(11):1111-1116,1127.

[43] PAPANIKOLAOU T D, PAPADOPOULOS N. High-frequency analysis of earth gravity fieldmodels based on terrestrial gravity andGPS/levelling data:a case study in Greece[J]. Journal of geodetic science,2015,5(1):-95-102.

[44] 姚宜斌,杨元喜,孙和平,等.大地测量学科发展现状与趋势[J].测绘学报,2020,49(10):1243-1251.

[45] 李德仁.展望 5G/6G 时代的地球空间信息技术[J].测绘学报,2019,48(12):1475-1481.

[46] 李毓照,闫浩文,王世杰,等.BDS 三频信号最优组合的模糊聚类分析法[J].测绘学报,2020,49(8):974-982.

[47] 王建敏,李亚博,祝会忠,等.BDS 卫星位置插值方法研究及精度分析[J].测绘科学,2017,42(12):25-31.

[48] 张天桥,辛洁,任晖,等.BDS 基本导航服务功能与指标研究[J].测绘科学,2020,45(7):38-42,55.

[49] 邵银星,赵春梅.低轨卫星增强 BDS 单频伪距单点定位[J].测绘通报,2020(3):69-72.

[50] 王宇谱,张胜利,徐金锋,等.改进中位数方法的 BDS 卫星钟差数据预处理策略[J].测绘科学,2019,44(2):109-115,127.

[51] 王旭,柴洪洲,王昶,等.优选小波函数的小波神经网络预报 GPS 卫星钟差[J].测绘学报,2020,49(8):983-992.

[52] 吕栋,欧吉坤,于胜文.基于 MEA-BP 神经网络的卫星钟差预报[J].测绘学报,2020,49(8):993-1003.

[53] 王建敏,李特,谢栋平,等.北斗精密卫星钟差短期预报研究[J].测绘科学,2020,45(1):33-41.

[54] 王德盛,崔太岷,胡燕,等.多核相关向量机的 BDS 卫星钟差预报算法[J].测绘科学,2022,47(1):40-48.

[55] 闵扬海.BDS 原子钟特征分析与钟差预报研究[D].徐州:中国矿业大学,2020.

[56] 赵琳琳.BDS/GPS/Galileo 星载原子钟长期在轨性能评估分析[D].武汉:武汉大学,2018.

[57] YU X M,FENG Y,GAO Y L,et al. Dual-weighted kernel extreme learning machine for hyperspectral imagery classification[J]. Remotesensing,2021,13(3):508.

[58] 王建敏,黄佳鹏,刘梓然,等.自适应卡尔曼滤波的电离层 TEC 预测模型改进[J].导航定位学报,2018,6(2):121-127.

[59] WANG T, WANG J B, ZHANG X J, et al. A study on prediction of process

parameters of shot peen forming using artificial neural network optimized by genetic algorithm[J]. Arabianjournal for science and engineering,2021,46(8):7349-7361.

［60］宋明达.基于改进遗传算法优化 Elman 神经网络的短期负荷预测［D］.衡阳:南华大学,2020.